DIE TALSPERREN ÖSTERREICHS

11. Talsperrenkongreß in Madrid 1973
Österreichische Beiträge verfaßt von

Dipl. Ing. O. Ganser
Dipl. Ing. G. Innerhofer
Prof. Dipl. Ing. Dr. techn. W. Jurecka
Dipl. Ing. A. Liebl
Dipl. Ing. P. Oberleitner
Ing. K. Rienößl
Dipl. Ing. H. Römer
Prof. Dipl. Ing. W. Schober
Dipl. Ing. E. Stefko
Dipl. Ing. Dr. techn. R. Widmann

WIEN 1974

ISBN-13: 978-3-211-81241-9   e-ISBN-13: 978-3-7091-5618-6
DOI: 10.1007/978-3-7091-5618-6

Inhaltsverzeichnis

Österreichische Beiträge zum 11. Talsperrenkongreß in Madrid 1973   Seite

1. FRAGE 40: Auswirkungen des Talsperrenbaues auf die Umwelt   7

  1.1 Bericht 44: Dipl.-Ing. O. Ganser: Vorsorgliche Maßnahmen zum Schutz der Bevölkerung bei Gefahren durch Stauanlagen   7

  1.2 Bericht 45: Baudir. Dipl.-Ing. E. Stefko, Dipl.-Ing. Dr. techn. R. Widmann: Hochgebirgsspeicher und Umwelt   15

  1.3 Bericht 53: Baudir. Dipl.-Ing. P. Oberleitner: Der Einfluß der österreichischen Flußstauwerke auf die Umwelt   26

2. FRAGE 41: Hochwasserableitung und Energieumwandlung während und nach Inbetriebnahme   39

  2.1 Bericht 40: Dipl.-Ing. Dr. techn. R. Widmann: Grundablässe mit Toskammern bei hohen Talsperren   39

  2.2 Bericht 41: Dipl.-Ing. H. Römer: Umleitungsmethoden für den Bau von Stauwerken an Flüssen   45

  2.3 Bericht 42: Dir. Dipl.-Ing. A. Liebl: Hochdruckverschlüsse   78

  2.4 Diskussionsbeitrag zur Frage 41: Dipl.-Ing. Dr. techn. R. Widmann . . .   90

3. FRAGE 42: Dichtungsvorkehrungen und Böschungsschutz bei Erd- und Steinschüttdämmen   93

  3.1 Bericht 34: o. Prof. Dipl.-Ing. Dr. techn. W. Schober: Überlegungen und Untersuchungen für den Entwurf eines Steinschüttdammes mit einem 92 m hohen Dichtungskern aus bituminöser Mischung   93

  3.2 Bericht 45: Ing. K. Rienößl: Schüttdämme mit Asphaltbetonkerndichtung. Erfahrungen und neuere Versuchsergebnisse   113

  3.3 Bericht 46: Dipl.-Ing. G. Innerhofer: Asphaltbetondichtung und Ausgleichsbecken Rifa, Partenen und Latschau   125

  3.4 Diskussionsbeitrag zur Frage 42: o. Prof. Dipl.-Ing. Dr. techn. W. Schober   131

  3.5 Diskussionsbeitrag zur Frage 42: Ing. K. Rienößl   137

4. FRAGE 43: Neue Ideen für den rascheren und wirtschaftlicheren Bau von Betonsperren   142

  4.1 Bericht 12: Prof. Dipl.-Ing. Dr. techn. W. Jurecka und Dipl.-Ing. Dr. techn. R. Widmann: Optimierung des Betoniervorganges bei Staumauern mit Kabelkränen   142

Vorwort der Schriftleitung

Mit dem vorliegenden Heft habe ich die Schriftleitung dieser Schriftenreihe übernommen. Im Sinne der Tradition der schon seit 20 Jahren bestehenden Publikationen werde ich mich bemühen, ebenso wie mein Vorgänger, Prof. Dr. H. Grengg, ein lebendiges und eindrucksvolles Bild von den Leistungen des österreichischen Talsperrenbaues zu geben. Der Inhalt des Heftes Nr. 21 entspricht zweifelsohne diesem Gedanken, denn es enthält die österreichischen Beiträge und Diskussionsbeiträge für den Internationalen Kongreß für Große Talsperren in Madrid im Jahre 1973.

Die Gliederung des Inhalts erfolgte im Sinne der von der ICOLD festgelegten Themengruppen:

1. Auswirkungen des Talsperrenbaues auf die Umwelt (59 Berichte)

2. Hochwasserableitung und Energieumwandlung während des Baues und nach der Inbetriebnahme (83 Berichte)

3. Dichtungsvorkehrung und Böschungsschutz bei Erd- und Steinschüttdämmen (53 Berichte)

4. Neue Ideen für den rascheren und wirtschaftlicheren Bau von Betontalsperren (22 Berichte)

Die österreichischen Beiträge sind in englischer Sprache in den vier bereits vorliegenden Kongreßbänden enthalten. Der 5. Kongreßband nimmt die Diskussionsbeiträge auf. Insgesamt wurden 216 Kongreßberichte aus 39 Ländern veröffentlicht. Die Zusammenfassung der österreichischen Beiträge in diesem Heft soll das Studium für jene erleichtern, die sich der deutschen Sprache zu bedienen wünschen.

Als Schriftleiter und im Namen des Herausgebers nütze ich die Gelegenheit, allen Mitarbeitern herzlich zu danken.

H. Simmler

1. Frage 40: Auswirkungen des Talsperrenbaues auf die Umwelt

1.1 Vorsorgliche Maßnahmen zum Schutz der Bevölkerung bei Gefahren durch Stauanlagen

(Bericht R 44)

Dipl.-Ing. O. Ganser, Vorarlberger Illwerke Aktiengesellschaft, Bregenz

1. Einleitung

Die Vorarlberger Illwerke Aktiengesellschaft, im folgenden kurz Illwerke genannt, betreiben mehrere Speicherkraftwerke und Staubecken. Sie haben die Aufgabe, Belastungsspitzen im Verbundnetz abzudecken und neben der Frequenzregelung eine jederzeit verfügbare Leistung (Turbinenleistung 1114 MW, Pumpleistung 525 MW) innerhalb kürzester Frist bei Störungen im Netz oder bei Ausfall großer Kraftwerkseinheiten einsetzen zu können.

Alpine-Großspeicher der Illwerke:

Speicher	Inhalt Mio. m³	Stauziel m ü. M.	Art der Sperre	Größte Höhe m	Fertigstellung
Vermunt	5	1743	Gewichtsmauer	53	1930
Silvretta	38	2030	Gewichtsmauer sowie Kiesdamm mit Kernmauer	80	1948
Lünersee	76	1970	Gewichtsmauer	28	1958
Kops	44	1809	Bogenmauer mit anschließender Gewichtsmauer	122	1965

Mit den tiefer gelegenen, kleineren Staubecken beträgt das Fassungsvermögen der Speicher insgesamt rund 170 Mill. m³.

Der Talsperrenbau hat in den letzten Jahrzehnten eine große, weltweite Entwicklung gemacht. Die gewonnenen Erkenntnisse und Erfahrungen beim Bau und Betrieb der Anlagen, die erlittenen Rückschläge und eingetretenen Katastrophen haben nicht nur dazu beigetragen, die Kenntnisse auf diesem Gebiet sehr zu erweitern, sondern auch zur Überzeugung geführt, daß eine große Sorgfalt sowohl beim Bau von Sperren als auch bei der Kontrolle des Verhaltens der Anlagen notwendig ist.

Durch das Fehlen von Beobachtungseinrichtungen oder mangelnde Kontrolle kann — wie die Geschichte der Talsperrenunglücke der letzten Jahrzehnte zeigt — oft das Eintreten eines gefährlichen Zustands im Sperrenkörper nicht rechtzeitig erkannt und daher keine Maßnahme zur Verhinderung der Katastrophen getroffen werden.

Die bei Talsperrenunglücken gemachten Erfahrungen zeigen, daß sich ein Sperrenbruch schon lange vorher durch große, außergewöhnliche Verformungen des Sperrenkörpers oder Untergrunds bemerkbar macht.

Ein plötzlicher, ohne Vorzeichen erfolgender Sperrenbruch ist bei richtiger Berechnung und sorgfältiger Ausführung sowie einer verantwortungsbewußten, dauernden Kontrolle des Bauwerks und dessen Umgebung in Friedenszeiten nicht denkbar.

In Österreich bestehen strenge behördliche Bestimmungen, betreffend Genehmigung eines Projekts, den Bau und die laufende Kontrolle einer Stauanlage.

Nach menschlichem Ermessen besteht bei gewissenhafter Einhaltung aller beim Bau und Betrieb von Stauanlagen notwendigen Vorsichtsmaßnahmen keine Gefahr für die unterhalb der Sperrenstellen gelegenen Talschaften.

Um jedoch bei kriegerischen Ereignissen und allen unvorhersehbaren Fällen eine rasche und zuverlässige Warnung der Bevölkerung durchführen zu können, wurden bei den Illwerken zusätzliche Nachrichtenverbindungen und Warnanlagen zum Schutz der Bevölkerung erstellt.

2. Schaffung von zusätzlichen Nachrichtenverbindungen

Um in besonderen Fällen eine rasche und zuverlässige Warnung der Bevölkerung in den von Hochwasser oder Flutwellen betroffenen Gebieten durchführen zu können, haben die Illwerke neben den normalen Fernsprechverbindungen zusätzliche Nachrichtenübermittlungen eingerichtet.

Von den Sperrenstellen Kops, Silvretta, Vermunt und Lünersee können über direkte — vom Stromnetz unabhängige — Fernsprechleitungen die Dienststellen der Illwerke und das Bezirksgendarmeriekommando in Bludenz erreicht werden. Diese Fernsprechverbindungen wurden auch in die Wohnungen der zuständigen Herren der Illwerke geführt, so daß auch außerhalb der Dienstzeit eine Erreichbarkeit gegeben ist.

Um auch bei Ausfall aller Telefonverbindungen eine schnelle Nachrichtenverbindung zu schaffen, sind bei den genannten Sperrenstellen Funksprechverbindungen eingerichtet worden, die über Relaisstellen mit der außerhalb eines möglichen Überflutungsbereichs gelegenen zentralen Funkstation beim Lünerseewerk in Verbindung stehen.

Außerdem wurde zwischen dieser Funkstation und dem Bezirksgendarmeriekommando eine dauernd betriebsbereite Funkverbindung errichtet.

Diese Nachrichtenverbindungen werden in kurzen Zeitabständen hinsichtlich ihrer Betriebstüchtigkeit kontrolliert, so daß die Gewähr einer dauernden Einsatzbereitschaft gegeben ist.

3. Annahme und Durchführung von Flutwellenberechnungen

Um den Gefahrenbereich unterhalb der Stauanlagen abgrenzen zu können, werden Flutwellenberechnungen durchgeführt. Man kann hierbei von verschiedenen Annahmen über die Art einer möglichen Zerstörung der Sperren ausgehen. Vom relativ niederen Bieler Damm abgesehen, bestehen alle Abschlußbauwerke der alpinen Speicher der Illwerke aus Betonsperren. Obwohl ein plötzlicher, totaler Bruch einer solchen Sperre kaum denkbar ist, haben die Illwerke bei ihren Anlagen den Flutwellenberechnungen diese Annahme zugrunde gelegt, weil jede Festlegung eines Teilbruchs oder einer Bresche willkürlich ist und man bei einem Totalbruch das maximale Ausmaß einer möglichen Zerstörung erhält. Falls bei Bruch einer Mauer der ganze Speicherinhalt ausläuft, ist — wie untersucht wurde — das Ausmaß der Zerstörungen in größerer Entfernung von der Sperrenstelle bei einem Teilbruch einer Betonsperre nicht mehr sehr verschieden von jenem eines Totalbruchs.

Die Berechnungen wurden unter der Voraussetzung durchgeführt, daß bei gefülltem Becken ein plötzlicher, totaler Bruch eintritt, daß also die Sperre plötzlich nicht mehr vorhanden ist.

Abb. 1. Funkrelaisstelle

Ein Zusammentreffen von Flutwellen aus mehreren Stauanlagen wurde nicht untersucht. So ein Fall wäre nur im Krieg bei zeitlich entsprechend gestaffelter Zerstörung mehrerer Talsperren denkbar. Erdbeben von einer Stärke, welche den Bestand von Stauanlagen gefährden können, treten im Bereich der Anlagen der Illwerke nicht auf.

4. Erstellung von Tyfonwarnanlagen und Erfahrungen im Betrieb dieser Anlagen

Die Tyfonwarnanlagen wurden geschaffen, um bei Gefahr aus einer Stauanlage eine rasche und zuverlässige Alarmierung der Bevölkerung der durch Flutwellen gefährdeten Ortschaften im Montafon, Brandner Tal sowie im Walgau bis in den Raum Nenzing zu gewährleisten.

Bedingt durch die Lage der Speicher und aus technischen Gründen wurden getrennte, voneinander unabhängige, mit Tyfonsirenen ausgerüstete Warnsysteme errichtet.

Warnsystem I   für das Montafon mit 24 Tyfonstationen
Warnsystem II für das Brandner Tal mit 3 Tyfonstationen
Warnsystem III für den oberen Talbereich des Walgaues mit 5 Tyfonstationen

Die Warnsysteme können getrennt und gemeinsam in Tätigkeit gesetzt werden.

Es wurden Alarmanlagen vom Typ der Firma Ericsson AB, Stockholm, verwendet.

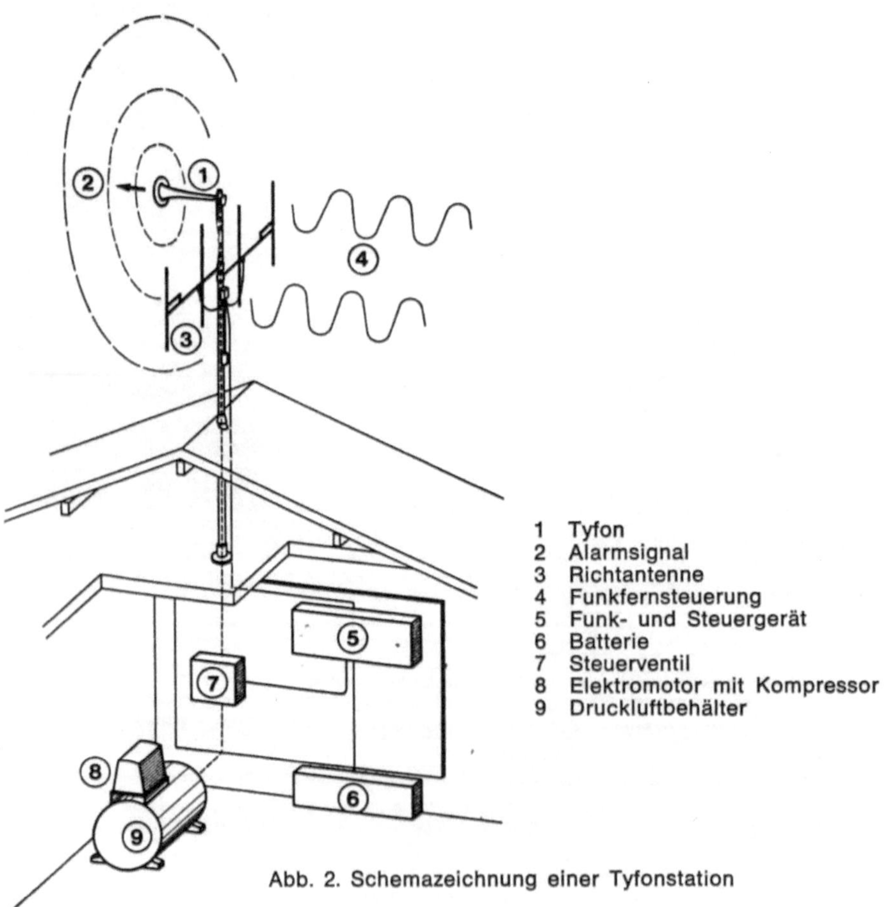

Abb. 2. Schemazeichnung einer Tyfonstation

Der Schall wird durch eine Membrane erzeugt, die durch Druckluft in Schwingungen versetzt wird. Der Druckluftbehälter wird durch einen Kompressor gespeist, welcher von einem Elektromotor angetrieben wird. Die Druckluftversorgung arbeitet selbsttätig. Wenn der Druck unter ein bestimmtes Maß abfällt, setzt der Kompressor so lange ein, bis der Normaldruck wieder erreicht ist.

Das Tyfonhorn ist über eine Druckluftleitung an den Druckluftbehälter angeschlossen. Wenn das Steuerventil sich öffnet, wird der Luftstrom freigegeben, und das Horn ertönt. Die Betätigung des Luftventils erfolgt durch ein Steuergerät, welches von einer Batterie gespeist wird. Die Stromversorgung dieses Geräts ist daher unabhängig von der allgemeinen örtlichen Stromversorgung. Die Auslösung des Alarmsignals erfolgt über Funk. Das Warnsignal besteht aus acht 10 Sekunden dauernden Signalen mit Intervallen von 5 Sekunden. Das ganze Warnsignal dauert rund 2 Minuten.

Die Tyfonwarnanlagen der Illwerke wurden vor rund 7 Jahren erstellt. Die Notwendigkeit, diese Anlagen dauernd funktionsbereit zu halten und die Funksteuerung laufend zu kontrollieren, hatte wegen eines Fehlers in der Funkauslösung eine unbeabsichtigte Auslösung des Alarms zur Folge. Solche Vorkommnisse sollten jedoch unbedingt vermieden werden. Es wurde daher die Luftzuführung zu allen Tyfonen mit Ventilen abgesperrt, so daß ein Fehlalarm künftig nicht mehr möglich ist. Vor der Abgabe eines Alarms müssen nunmehr bei allen Stationen diese Luftventile vorher geöffnet werden. Diese Maßnahme kann in wenigen Stunden durchgeführt werden.

Diese Zeitspanne, welche zur Schaffung der Betriebsbereitschaft der Alarmanlage notwendig ist, ist durchaus vertretbar, weil es undenkbar ist, daß sich bei gewissenhafter, laufender Kontrolle des Verhaltens der Stauanlagen ein gefährlicher Zustand plötzlich ergibt.

Die Tyfonwarnanlage wurde durch Probealarme auf ihre Funktionstüchtigkeit hin kontrolliert. Die Bevölkerung wird durch entsprechende Verlautbarungen vorher informiert. Es zeigte sich hierbei, daß das Warnsignal in den von Flutwellen allenfalls bedrohten Gebieten sehr deutlich hörbar und zur Alarmierung der Bevölkerung geeignet ist. Zur Verstärkung der Tyfonsirenen sollen künftig im Alarmfall noch die vorhandenen Feuersirenen nach Ertönung der Tyfone eingeschaltet werden.

5. Organisatorische Maßnahmen der Behörden und der Illwerke

Die von den Illwerken geschaffenen zusätzlichen Nachrichtenverbindungen und Tyfonwarnanlagen können ihren Zweck nur dann erfüllen, wenn auch entsprechende organisatorische Maßnahmen und Vorsorgen für den Alarmfall getroffen sind.

Für die Einrichtung des Warn- und Katastrophendienstes ist die Bezirkshauptmannschaft in Bludenz zuständig.

Von dieser Behörde wurde ein Alarmplan erstellt.

Dieser Plan umfaßt:

1. die Unterteilung des allenfalls von Flutwellen bedrohten Gebietes in die Zonen

        Zone „A"   Bereich, in welchem die Laufzeit der Flutwelle, vom Zeitpunkt des Bruchs der Sperre an gerechnet, weniger als 15 Minuten beträgt

        Zone „B"   Laufzeit der Flutwelle von 15 bis 60 Minuten

        Zone „C"   Laufzeit der Flutwelle von mehr als einer Stunde

Abb. 3. Tyfonsirene auf einem Hausdach

Abb. 4. Geräteanordnung in einem Raum unter einem Hausdach

2. die Unterteilung in die 4 Warnstufen

> Vorwarnung
> Warnung
> Alarmbereitschaft
> Alarm

Die Auslösung der Tyfonsirenen erfolgt erst bei der Stufe Alarm. Die Sirenen können in Tätigkeit gesetzt werden:

> beim Bezirksgendarmeriekommando in Bludenz
> beim Krafthaus Lünersee in Latschau
> bei den Sperrenstellen

3. detaillierte Angaben über die Zuständigkeiten, Pflichten sowie die jeweils bei den verschiedenen Warnstufen zu treffenden Maßnahmen der Behörde und der Illwerke.

Außer dem Warnplan der Bezirkshauptmannschaft haben die durch Flutwellen gefährdeten Gemeinden einen örtlichen Alarmplan erstellt und Einsatzstäbe gebildet. Dieser örtliche Warnplan enthält unter anderem:

> die Regelung der Befehlsverhältnisse
> den Sitz der zuständigen Behörden und Dienststellen im Alarmfall
> die Evakuierungsgebiete
> die Fluchtwege
> die Festlegungen, wie die Bevölkerung bis zur Stufe „Alarm" informiert wird

6. Zusammenfassung

Die Speicherung großer Wassermengen birgt eine Gefahr für die unterhalb der Stauanlagen wohnende Bevölkerung. Die beste Maßnahme, um diese Gefahr auf ein vertretbares Risiko herabzusetzen, ist eine strenge Überwachung beim Bau und Betrieb dieser Anlagen. Trotz aller Vorsichtsmaßnahmen ist es jedoch möglich, daß bei einer Stauanlage durch kriegerische Ereignisse und in unvorhersehbaren Fällen ein gefährlicher Zustand eintritt, welcher eine rasche Alarmierung der Bevölkerung erfordert.

Um in besonderen Fällen eine rasche und zuverlässige Warnung der Bevölkerung in den von Hochwasser oder Flutwellen betroffenen Gebieten durchführen zu können, haben die Illwerke neben den normalen Fernsprechverbindungen zusätzliche, vom Stromnetz unabhängige Fernsprechleitungen zu den Dienststellen der Illwerke und der Behörden eingerichtet. Damit auch bei Ausfall aller Telefonverbindungen eine schnelle Nachrichtenübermittlung möglich ist, wurden außerdem noch Funksprechverbindungen erstellt.

Zur Festlegung des Gefahrenbereichs unterhalb der Stauanlagen wurden Flutwellenberechnungen durchgeführt. Diesen Berechnungen liegt die Annahme des plötzlichen, totalen Bruchs der Betontalsperren zugrunde.

Zur Alarmierung der Bevölkerung der durch Flutwellen gefährdeten Ortschaften wurden Tyfonwarnanlagen geschaffen. Es sind insgesamt 32 Warnstationen vorhanden, welche mit Sirenen vom Typ der Fa. Ericsson AB, Stockholm, ausgerüstet sind. Die Auslösung des Alarms erfolgt über Funk. Die Alarmabgabe ist von der Stromversorgung unabhängig.

Von den zuständigen Behörden und den Illwerken wurden entsprechende organisatorische Maßnahmen und Vorsorgen für den Alarmfall getroffen. Im sogenannten Alarmplan sind detaillierte Angaben über die Zuständigkeiten, die Befehlsverhältnisse, Fluchtwege, Evakuierungsgebiete usw. enthalten. Die Bewohner der gefährdeten Gebiete sind informiert.

Die Nachrichtenverbindungen und Tyfonwarnanlagen werden laufend auf ihre Funktionstüchtigkeit kontrolliert. In bestimmten Zeitabständen werden Probealarme durchgeführt.

Somit sind alle möglichen vorsorglichen Maßnahmen zum Schutz der Bevölkerung vor Gefahren durch Stauanlagen getroffen worden.

1.2 Hochgebirgsspeicher und Umwelt

(Bericht R 45)
Baudir. Dipl.-Ing. E. Stefko, Vorarlberger Illwerke AG, Bregenz
Dipl.-Ing. Dr. techn. R. Widmann, Tauernkraftwerke AG, Salzburg

1. Einleitung

Der Mensch gestaltet seit Jahrtausenden die Landschaft, sie ist in weiten Gebieten der Erde, bis hoch hinauf in die Gebirgsregionen, zur Kulturlandschaft geworden. Lange hielt sich diese Tätigkeit in Grenzen. Die landwirtschaftliche Bodennutzung und Bauwerke, wie Bergkirchen, Brücken, Dörfer und sogar mauerumwehrte Städte, wurden nicht als störende Eingriffe in die Natur empfunden. Raum, Wasser und Luft waren in scheinbar unerschöpflichem Ausmaß vorhanden.

Erst die explosionsartige Zunahme der Menschheit und deren übermäßig steigenden zivilisatorischen Ansprüche seit der Jahrhundertwende und insbesondere seit Ende des Zweiten Weltkrieges lassen die Grenzen der Lebensgrundlagen erkennen. Die alles überbordende Ausbreitung der Siedlungen und des Verkehrs in Verbindung mit einer wachsenden Massenkonsum- und Wegwerfmentalität gefährdet rasch zunehmend die Menschheit durch:

> Verbauung des Lebensraums
> Verseuchung des Bodens und Wassers
> Vergiftung der Luft
> Einwirkung von Lärm

Die Warnungen einsichtiger Männer vor diesen Gefahren haben seit einigen Jahren erfreulicherweise die Einsicht in die Umweltprobleme geweckt und die Sorge um Erhaltung, Pflege und Schutz des menschlichen Lebensraums mit Recht zu einem vordringlichen Anliegen der Allgemeinheit gemacht. Eine hektische und zum Teil unsachlich geführte Publizistik hat jedoch zu einer Art Hysterie geführt, die sich grundsätzlich gegen technische Bauwerke und im besonderen auch gegen Speicherbauwerke im Gebirge zu richten beginnt.

Es sei daher nachstehend untersucht, welche Einwirkungen Hochgebirgsspeicher auf ihre Umwelt ausüben.

Grundsätzlich sind wir Igenieure der Meinung, daß der Mensch als Glied der Natur an dieser auch gestaltend mitwirken darf und soll. Das technische Bauwerk kann als schöpferischer Akt des Menschen mit der Naturschönheit durchaus im Einklang stehen.

Gerade bei Sperrenbauten entspricht dem offensichtlichen statischen Zusammenwirken von Bauwerk und Untergrund auch eine ästhetische Einheit von Technik und Natur. Die Speicherseen werden als Bereicherung empfunden. Sie verändern zwar die Landschaft, beeinträchtigen aber nicht deren Eigenart sondern unterstreichen diese noch. Nicht ein Verbrauch der Landschaft tritt ein, sondern neue Werte werden geschaffen.

2. Umwelteinflüsse während der Bauzeit

Es muß zugegeben werden, daß während der Bauzeit die negativen Einflüsse eines Sperrenbaus auf die Umgebung erheblich sind. Früher meist einsame Gegenden werden durch Verkehrsbauten, wie Straßen und Seilbahnen, erschlossen. Baustelleneinrichtungen und Massengüter werden darauf transportiert. Baulager werden geschaffen und darin Hunderte, meist auswärtige, Bauschaffende untergebracht. Lärm und Geschäftigkeit erfüllen Tag und Nacht die einst stillen Hochregionen. Erschließungsbauten, Baustelleneinrichtungen und die Fundamentaushübe für die Sperrenbauwerke selbst reißen Wunden ins Gelände und in die meist ohnehin mühsam genug aufgekommene Vegetation.

Auf einen, der dem sinnvollen Getriebe einer Großbaustelle kein Interesse abgewinnen kann, mögen die genannten negativen Umweltbeeinflussungen schockierend wirken und im Vordergrund stehen. In jedem Fall dauert jedoch heute der Bau einer Talsperre nur die kurze Zeitspanne von 3 bis 5 Jahren.

3. Umwelteinflüsse nach Baufertigstellung

Nach Fertigstellung eines Sperrenbauwerks ist heute die sorgfältige Beseitigung aller Bauspuren eine Selbstverständlichkeit. Hier dürfen keine Mühen und Kosten gespart werden, um die der Natur zugefügten Wunden zu heilen. Besonderes Augenmerk ist auf die Herstellung der ursprünglichen Geländeformen und die Wiederbegrünung in Anpassung an die Vegetation der Umgebung zu legen. Eine solche naturhafte und harmonische Eingliederung in die Landschaft erfordert ein großes Maß an ökologischem Verständnis und Einfühlungsvermögen. Erst hierdurch wird jedoch die anzustrebende Verschmelzung von technischem Menschenwerk und Natur erreicht.

Es wurde schon davon gesprochen, daß die Anlage von Speicherseen, häufig an Stelle verschotterter und verwilderter Hochtäler, als Bereicherung der Landschaft empfunden wird. Neue Erholungsgebiete werden hierdurch geschaffen und der natur- und lufthungrigen Bevölkerung der Ballungsräume erschlossen. Der Zugang zu diesen Gebieten wird durch die der Öffentlichkeit zur Verfügung gestellten Transportanlagen, wie Straßen, Standseil- und Luftseilbahnen, ermöglicht. Die Schönheiten der Hochgebirgs- und Gletscherwelt, die früher nur relativ wenigen Touristen zugänglich war, wird so vielen Hunderttausenden nähergerückt, die dort Erholung, Entspannung und sportliche Betätigung finden.

Viele mögen bedauern, daß das Getriebe des Massentourismus hierdurch auch in früher stille Täler und einsame Höhen vordringt. Es muß jedoch bedacht werden, daß die so idyllisch erscheinende alpine Kulturlandschaft heute vielfach gefährdet ist. Die trotz harter Arbeit vergleichsweise geringen Verdienstmöglichkeiten im bergbäuerlichen Raum drohen immer mehr zu Höhenflucht, Abwanderung und Aufgabe der Bodenbearbeitung samt allen Folgen im äußeren Erscheinungsbild der Landschaft zu führen. Dieser Entwicklung kann in größerem Ausmaß nur Einhalt geboten werden, wenn es gelingt, die Alpenregion als Natur- und Wirtschaftslandschaft weiterzuentwickeln. Hierzu müssen aber für den dort wirtschaftenden Menschen zusätzliche oder neue Lebensgrundlagen geschaffen werden.

Kraftwerksbauten im Gebirge bringen zahlreiche Aufträge an Handwerk und Industrie, hochwertige Arbeitsplätze während des Baus und des späteren Betriebs der Anlagen und eine entscheidende Ankurbelung der Fremdenverkehrswirtschaft durch Erschließung von Gebirgsregionen und Schaffung neuer landschaftlicher oder technischer Anziehungspunkte. Daß die Entstehung solcher neuer Existenzgrundlagen tatsächlich geeignet ist, dem Verfall der bergbäuerlichen Kulturlandschaft entgegenzuwirken und einen Bedeutungswandel herbeizuführen, ist an vielen Beispielen im Alpenbereich schon erhärtet worden.

Weitere Vorteile für die tieferliegenden Talschaften durch einen Sperrenbau ergeben sich aus dem Geschieberückhalt, dem Hochwasserschutz und aus der Vergleichmäßigung der Wasserführung über das Jahr in den Gewässerstrecken unterhalb der Wasserrückgabe aus Kraftwerken. Häufig macht die aus Überleitungen von Wässern aus fremden Einzugsgebieten in die Speicher resultierende vermehrte Wasserführung in Gewässerstrecken unterhalb von Kraftwerken eine Vergrößerung der Abfuhrfähigkeit notwendig. Durch großzügige Regulierungen, oft in Verbindung mit Verbauungsmaßnahmen in den Seitenbächen, deren Kosten zu einem erheblichen Teil von den Kraftwerksgesellschaften getragen werden, erhalten früher oft von Hochwässern heimgesuchte Talschaften einen wirksamen Hochwasserschutz, zu dessen Errichtung die Talschaften allein nicht imstande gewesen wären.

Verschiedentlich wird den Talsperren vorgeworfen, im Hinblick auf die Möglichkeit eines Bruchs eine Gefahr für die tieferliegenden Talbereiche darzustellen. Die moderne Sperrentechnik in Verbindung mit einer dauernden Überwachung mit Hilfe sinnvoller Meß- und Beobachtungseinrichtungen und die Installierung wirksamer Warneinrichtungen vermindern solche Gefahren jedoch nach menschlichem Ermessen auf ein durchaus tragbares Minimum.

Es kann nicht geleugnet werden, daß die Errichtung von Hochgebirgsspeichern auch nach deren Fertigstellung gewisse negative Auswirkungen auf die Umwelt hat.

In ästhetischer Hinsicht sind sicherlich die unbegrünten Speicherraumhänge im Bereich des wechselnden Wasserspiegels unbefriedigend. Eine Lösung dieses Problems wäre eine dankbare Aufgabe für Biologen und Kulturtechniker. Gemildert wird dieser Zustand jedoch dadurch, daß die toten Speicherrandzonen meist bis etwa Mitte Juni von einer Schneedecke bedeckt sind, bis Mitte Juli aber bereits durch den Zufluß der Frühjahrsschmelzwässer auf ein erträgliches Maß reduziert sind. In den Hauptbesucherzeiten Jänner bis Mai und Juli bis Oktober tritt sonach keine wesentliche Beeinträchtigung des Landschaftsbilds ein.

Weitere Beeinträchtigungen für die Umwelt durch Speicher können durch die Trockenlegung von Gewässern knapp unterhalb der Sperrenstellen bzw. durch Verminderung der Wasserführung im weiteren Verlauf eintreten. Dies trifft auch für Gewässer zu, die durch Überleitungen benachbarten Speichern zugeführt werden. Nachteilig wirkt sich hierbei die verminderte Schleppkraft für den Fall konzentrierter seitlicher Geschiebeeinstöße, die verminderte Vorflut für Abwässer und die Verringerung allfälliger Nutzwassermengen, z. B. für Feuerlöschzwecke, aus. In ästhetischer Hinsicht bieten trockene oder nur wenig Wasser führende Bachbette ein unbefriedigendes Bild.

Es besteht kein Zweifel darüber, daß durch jeweils geeignete Maßnahmen solche nachteiligen Auswirkungen von Speicheranlagen ausgeschaltet oder zumindest weitgehend gemildert werden müssen. Hierbei kommen fallweise Baggerungen in durch Geschiebeeinstöße belasteten Gewässerstrecken, Wildbachverbauungen in Seitenbächen, die technische und finanzielle Mitwirkung bei der Errichtung von Abwasseranlagen, die anderweitige Beschaffung von Nutzwasser und schließlich auch die Belassung gewisser Restwassermengen in den betroffenen Gewässerstrecken in Frage. Die hierdurch entstehenden Mehrkosten müssen in Kauf genommen werden, wenn sie sich in einem wirtschaftlich tragbaren Rahmen bewegen und im Verhältnis zur Schutzwürdigkeit der Landschaft oder sonstiger legitimer Interessen stehen.

4. Beispiele

Die dieser Betrachtung beigegebenen Lichtbilder zeigen einige Hochgebirgsspeicher aus den österreichischen Alpen.

4.1 Die Speicher Mooserboden und Wasserfallboden der Tauernkraftwerke Aktien-
gesellschaft, Salzburg (Abb. 1), sind seit nunmehr zirka zwei Jahrzehnten in
Betrieb, so daß hier fundierte Erfahrungen über deren Auswirkungen auf die
Umwelt vorliegen. Es kann festgestellt werden, daß durch die Speicher und deren
Bewirtschaftung keinerlei klimatische Veränderungen im Gebiet eingetreten sind.
Auch der Gletscherhaushalt im Einzugsbereich der Speicher hat sich gegenüber
anderen vergleichbaren Gletschern der Ostalpen nicht verändert. Der stark verminderte Durchfluß im Bachbett der Kapruner Ache zwischen dem Speicher Wasserfallboden und der Wasserrückgabe unterhalb des Krafthauses beim Ort Kaprun
hat allerdings die optische Wirkung eines dort befindlichen Wasserfalls beein-
trächtigt. Dies wird aber nur dem relativ kleinen Personenkreis störend bewußt,
der die früheren Verhältnisse kannte.

Abb. 1. Speicher Mooserboden und Wasserfallboden der Tauernkraftwerke AG, Salzburg.
Speicher Mooserboden: Inbetriebnahme 1956, Stauziel 2036 m, Nutzinhalt 85,4 hm³. Speicher
Wasserfallboden: Inbetriebnahme 1951, Stauziel 1672 m, Nutzinhalt 83,0 hm³

Die beiden durch Gewölbemauern gebildeten, knapp übereinander liegenden
Speicherseen inmitten der Hochgebirgswelt stellen eine großartige Bereicherung
der Landschaft dar und sind zu einem touristischen Anziehungspunkt ersten Ran-
ges geworden.

Noch bis zum Zweiten Weltkrieg war das Kaprunertal wirtschaftlich kaum von
Bedeutung, der Fremdenverkehr in dem am Ausgang dieses Tals gelegenen, ein-
fachen Bauerndorf Kaprun war nur schwach entwickelt. Schon mit dem noch
während des Krieges einsetzenden Bau der Großkraftwerksanlage begann sich

das allgemeine Interesse bemerkbar zu machen. Als aber im Jahr 1955 die Kraftwerksgruppe Glockner—Kaprun vollendet war, begann ein Besucherzustrom unvorhersehbaren Ausmaßes. Noch im Sommerhalbjahr 1956, also knapp nach Fertigstellung des Kraftwerks, betrug die jährliche Nächtigungszahl in der Gemeinde Kaprun 13.000 Personen. 1971 erreichte sie bereits 450.000 Personen. Bis zum Jahr 1971 zogen die beiden Stauseen, die durch Sonderverkehrsmittel der Kraftwerksgesellschaft großzügig erschlossen sind, weit über vier Millionen Besucher an. Dieser Besucherzustrom ist von größter wirtschaftlicher Bedeutung für den gesamten Raum. Darüber hinaus fließen der Gemeinde jährlich erhebliche Steuereinnahmen aus dem Kraftwerksbetrieb zu. Die bedeutenden Einnahmen aus den Fremdenverkehrseinrichtungen der Tauernkraftwerke ermöglichten inzwischen die Erschließung neuer Wintersportgebiete am Kitzsteinhorn, woraus sich für das Gebiet weitere wichtige wirtschaftliche Impulse ergeben.

Durch den Kraftwerksbau und die zielbewußte Nutzung der sich daraus ergebenden Möglichkeiten wurde ein Aufschwung des bis dahin wirtschaftlich unbedeutenden Gebiets erzielt, der ein Mehrfaches über dem Durchschnitt anderer, an landschaftlichen Schönheiten durchaus vergleichbarer Fremdenverkehrsgebiete liegt.

4.2 Abb. 2 zeigt den vor etwa einem Jahrzehnt von der Tiroler Wasserkraftwerke Aktiengesellschaft, Innsbruck, errichteten Jahresspeicher Gepatsch im Kaunertal, Tirol. Der Stausee wird durch einen 153 m hohen Steinschüttdamm gebildet, dessen große, klare Formen sich organisch in die Landschaft einfügen. Auch dieser Speichersee wurde inzwischen ein beliebter Anziehungspunkt, der allein im Jahr 1971 von 80.000 Fachleuten, Urlaubern und Erholungsuchenden besucht wurde.

Abb. 2. Speicher Gepatsch der Tiroler Wasserkraftwerke AG, Innsbruck. Inbetriebnahme 1966, Stauziel 1767 m, Nutzinhalt 138,3 hm³

4.3 Die von der Tauernkraftwerke Aktiengesellschaft in der Hochregion des Zillertals, Tirol, errichteten Zemmkraftwerke wurden erst 1971 fertiggestellt. Es liegen daher hier noch keine Erfahrungen über langfristige Auswirkungen des Speicher- und Kraftwerksbetriebs vor. Die zum Teil starke Verringerung der Wasserführung von Bächen in den Entnahmestrecken und die bedeutende Veränderung des Verhältnisses zwischen Sommer- und Winterwasserfracht unterhalb der Kraftwerksanlagen im Ziller, dem Hauptgewässer des Tals, in Verbindung mit einer Veränderung der Durchflußmenge zufolge der hohen Ausbauwassermenge des Kraftwerks Mayrhofen, war hier Anlaß zu besonderen Untersuchungen und Maßnahmen. Das Zillertal war immer schon von Überflutungen durch Hochwässer heimgesucht worden. Die Flußsohle war in ständiger Auflandung begriffen, die die Überflutungsgefahr noch weiter erhöhte. Der Ziller lag abschnittsweise bereits höher als die bewirtschafteten Grünflächen. Beidseitige Begleitdämme konnten nur bei normaler Wasserführung vor Überschwemmung schützen, der Grundwasserspiegel lag bereits höher, als es für die landwirtschaftliche Nutzung günstig gewesen wäre.

Der Bau der Zemmkraftwerke gab nun den Anstoß zu einer wasserwirtschaftlichen Sanierung des Zillertals durch eine großzügige Regulierung des Zillers selbst, verbunden mit einer Tieferlegung der Flußsohle und umfangreichen Wildbachverbauungen in den Einzugsgebieten der Seitenbäche. Ein erheblicher Teil dieser aufwendigen Maßnahmen wurde vom Kraftwerksunternehmen finanziert.

Durch den großzügigen Ausbau der für die Errichtung des Speichers Schlegeis mit seiner Bogengewichtsmauer (Abb. 3) und der übrigen Kraftwerksanlagen erforderlichen Straßen wurde die Erschließung einer Hochregion eingeleitet, deren

Abb. 3. Speicher Schlegeis der Tauernkraftwerke AG, Salzburg. Inbetriebnahme 1971, Stauziel 1782 m, Nutzinhalt 127, 4 hm³

Auswirkungen auf die Entwicklung des touristischen Erholungsgebiets zweifellos von größter Bedeutung sein werden.

Insgesamt wurden im Zuge des Kraftwerksbaus rund 10% der Anlagekosten des Kraftwerks für Maßnahmen aufgewendet, die der Talschaft unmittelbar zugute kommen und zum größten Teil früher oder später auch ohne den Bau hätten durchgeführt werden müssen.

4.4 Ein eindrucksvolles Beispiel, wie Kraftwerksbauten im Gebirge für die gesamte Volkswirtschaft eines Gebiets die entscheidende Initialzündung und eine laufende weitere Befruchtung bedeuten können, bilden auch die Wasserkraftanlagen der Vorarlberger Illwerke Aktiengesellschaft, Bregenz.

Die zwischen den Gebirgsketten der Silvretta, des Verwalls und des Rhätikons eingebettete Talschaft Montafon in Vorarlberg war bis Mitte der zwanziger Jahre dieses Jahrhunderts von Entvölkerung bedroht. Die karge Landwirtschaft war eine zu schmale Lebensgrundlage. Ein Teil der männlichen Bevölkerung mußte während des Sommerhalbjahrs als Saisonarbeiter ins Ausland gehen, das Tal war verkehrsmäßig kaum erschlossen.

Erst der ab 1925 einsetzende und mit Ausnahme der Jahre der Weltwirtschaftskrise bis heute andauernde Kraftwerksbau brachte hier einen grundlegenden Wandel. Die Bevölkerung fand beim Bau und bei den in Betrieb genommenen Anlagen ausreichend Verdienst, die heimische Wirtschaft wurde durch zahlreiche und andauernde Aufträge angekurbelt, höheres technisches Personal kam ins Tal und siedelte sich dort an, den Gemeinden flossen immer höhere Steuererträge zu. Hand in Hand mit der Zurverfügungstellung der jeweils im Zuge der Kraftwerksbauten erstellten Verkehrsanlagen, wie Eisenbahnen, Straßen, Standseilbahnen und Luftseilbahnen, an die Öffentlichkeit kam ein immer wachsender Strom von erholungsuchenden und sportbetreibenden Urlaubern ins Tal, der sich seinerseits vielfach befruchtend auswirkte. Heute sind Wirtschaft, Wohnkultur sowie Sport- und Erholungseinrichtungen des Tals hoch entwickelt, die Bevölkerung lebt in einem Wohlstand, der noch vor 40 Jahren undenkbar gewesen wäre.

Abb. 4 zeigt den in den Kriegsjahren begonnenen und bald nach dem Krieg fertiggestellten Silvrettaspeicher. Seit den nunmehr 25 Jahren seines Bestandes haben sich keinerlei nachteilige klimatische Auswirkungen ergeben. Vom Silvrettaspeicher bis zu dem rund 300 m tiefergelegenen, schon 1930 in Betrieb gegangenen Vermuntspeicher verläuft die in ihrer Wasserführung stark geschmälerte Ill in einer unzugänglichen und kaum eingesehenen Schlucht. Die Wasserentnahme aus der Ill macht sich dort daher nicht störend bemerkbar.

Der auf einer Seehöhe von 2030 m ü. M. direkt an der Grenze zwischen Vorarlberg und Tirol und der Wasserscheide zwischen den Flußsystemen des Rheins und der Donau errichtete Speichersee wird nach Westen durch eine vielleicht etwas hart im Gelände stehende, aber durchaus logisch wirkende Gewichtsmauer abgeschlossen. Nach Osten erfolgt der Abschluß durch einen bogenförmig verlaufenden, begrünten Erddamm, der unauffällig einen natürlich vorhandenen Moränenwall erhöht. Der Speichersee erfüllt den Raum eines ehemals verschotterten und unansehnlichen Talbodens und verleiht dem Hochtal nunmehr einen einzigartigen, fjordähnlichen Charakter.

4.5 Der nur wenige Kilometer vom vorgenannten Silvrettaspeicher errichtete Speicher Kops (Abb. 5) ging im Jahr 1967 in Betrieb. Auch hier haben sich seither keine nachteiligen Auswirkungen gezeigt. Der Bachlauf unterhalb der Sperre wird

Abb. 4. Speicher Silvretta der Vorarlberger Illwerke AG, Bregenz. Inbetriebnahme 1950, Stauziel 2030 m, Nutzinhalt 38,6 hm³

Abb. 5. Speicher Kops der Vorarlberger Illwerke AG, Bregenz. Inbetriebnahme 1967, Stauziel 1809 m, Nutzinhalt 43,5 hm³

durch seitliche Zuflüsse und Quellen bald wieder angereichert, so daß die verminderte Wasserführung nicht störend wirkt. Die eigenwillig geformte Sperre ist den topographischen Verhältnissen angepaßt und besteht aus Gewölbemauer, künstlichem Widerlager und daran anschließender Gewichtsmauer, die ein kleineres Nebental abriegelt. In die umgebenden Bergflanken überzeugend eingebunden und mit der eigenen Schönheit eines klaren, technischen Bauwerks ausgestattet, kann sie als mit der Natur durchaus in Harmonie stehend empfunden werden.

Die im Zuge der Bauarbeiten für die Speicher Silvretta und Kops sowie für den schon 1930 in Betrieb gegangenen benachbarten Speicher Vermunt erforderlich gewesenen Verkehrsanlagen zur Erschließung der Höhenbaustellen wurden nach Fertigstellung der Speicher der Öffentlichkeit zur Benützung zur Verfügung gestellt. Sie ermöglichen heute jährlich mehreren hunderttausend erholungsuchenden Passanten, Wanderern und Bergsteigern den Zugang in die zentrale Berg- und Gletscherwelt der Silvretta. Neben einer Standseilbahn (Höhenunterschied 700 m) wird diese Funktion insbesondere von der Silvrettahochalpenstraße erfüllt, die einen landschaftlich und technisch großartigen Übergang aus dem Vorarlberger Montafon nach Tirol in das Paznauntal bildet. Die neuzeitlich ausgebaute, über 22 km lange Straße steigt in zahlreichen Kehren bis auf eine Höhe von 2040 m ü. M. an und führt am Vermuntstausee und Silvrettastausee vorbei. Eine Abzweigung von über 5 km Länge führt zum Speicher Kops. Neben ihrer Rolle für den Tourismus hat die Silvrettahochalpenstraße auch als zweiter Straßenübergang von Vorarlberg nach Tirol neben dem Arlbergpaß eine große verkehrspolitische Bedeutung.

4.6 Abb. 6 zeigt den von der Vorarlberger Illwerke Aktiengesellschaft im Jahr 1958 in Betrieb genommenen Speicher Lünersee, der dem Pumpspeicherwerk Lünersee

Abb. 6. Speicher Lünersee der Vorarlberger Illwerke AG, Bregenz. Inbetriebnahme 1959, Stauziel 1970 m, Nutzinhalt 78,3 hm³

als Oberbecken dient. Hier wurde das Fassungsvermögen eines schon früher bestandenen natürlichen Sees durch Errichtung einer Staumauer bedeutend vergrößert. Die nur 28 m hohe Gewichtsmauer ist der Topographie der den See vom Steilabsturz gegen das Tal trennenden Felsbarriere angepaßt. Die so erzielte weiche, mehrfach gebogene Linienführung fügt sich harmonisch in die umgebenden Landschaftsformen ein. Da der frühere natürliche See keinen oberirdischen Abfluß hatte, ergab sich von Haus aus keine Störung der Landschaft durch trockengelegte Bachbette. Auch sonst hat die wasserwirtschaftliche Nutzung des Speichers bis jetzt keine nachteiligen Auswirkungen auf die Umwelt gehabt.

Die für den Bau der Kraftwerksanlage erforderlichen Verkehrs- und Transporteinrichtungen wurden auch hier nach Abschluß der Bauarbeiten zur Benützung durch die Öffentlichkeit freigegeben. Im Gebiet des Lünersees sind dies eine Straße und eine Seilschwebebahn, die vom Endpunkt der Straße über einen Höhenunterschied von 400 m direkt zur Staumauer führt. Im Bereich der Falleitung des Lünerseewerkes erschließen die von der Kraftwerksgesellschaft errichteten Verkehrsbauten, wie Straßen und Standseilbahnen, die über einen Höhenunterschied von 900 m bis in eine Höhe von 2000 m ü. M. führen, ein erstrangiges Wander-, Touren- und Skigebiet. Der immer stärkere Gästezustrom machte inzwischen Erweiterungen und Ergänzungen durch Skilifte, eine Sesselbahn und ein Großrestaurant erforderlich. Der Bau weiterer umfangreicher Transport- und Sporteinrichtungen ist geplant.

5. Schlußbetrachtungen

Da sich vorerst noch kein Verzicht der Menschheit auf ein weiteres Wirtschafts- und Konsumwachstum abzeichnet, muß auch künftig mit einer raschen Zunahme des Bedarfs an elektrischer Energie gerechnet werden. Dieser immer größere Energiekonsum ist nicht vereinbar mit dem von mancher Seite wegen ungünstiger Auswirkungen vorgetragenen Ablehnung des Ausbaus aller weiteren Erzeugungsmöglichkeiten. Nun gibt es allerdings derzeit keine Kraftwerksarten ohne jede unerwünschte Nebenerscheinungen. Bei Hochgebirgsspeichern und den damit in Verbindung stehenden Speicherkraftwerken sind die negativen Umwelteinflüsse vergleichsweise gering. Es muß auch bedacht werden, daß es für die Spezialaufgaben, die Speicherkraftwerke in großen Verbundnetzen zu erfüllen haben, gegenwärtig noch keinen vollwertigen Ersatz gibt.

Es wird den Speicherkraftwerken manchmal vorgeworfen, daß sie die Natur zerstören und dadurch zu einer Flucht von Gästen und einheimischer Bevölkerung aus der betreffenden Gegend führen. Die Praxis zeigt jedoch, daß das Gegenteil eintritt. Das Einfließen großer finanzieller Mittel in die Gegend während und nach dem Bau einer Kraftwerksanlage bringt für die ansässige Bevölkerung neue Lebensgrundlagen und bewahrt vor Abwanderung und Verfall. Ein Besucherstrom großen Ausmaßes wird durch die Erschließung neuer Erholungsräume und Anziehungspunkte ins Land gebracht und befruchtet seinerseits ganz entscheidend die Wirtschaft.

Wieder andere Vorwürfe richten sich gerade gegen diesen durch Kraftwerksbauten im Gebirge hervorgerufenen Besucherzustrom in früher einsame Gegenden. Freilich geht ein solches Gebiet dem einsamen Wanderer verloren. Bei der heutigen Bevölkerungsdichte kann man jedoch nicht die berechtigte Forderung nach Erholung und sportlicher Betätigung in gesunder Luft für möglichst breite Bevölkerungskreise vertreten und gleichzeitig bedauern, daß diese Menschen dann tatsächlich früher einsame Gegenden beleben, wo ihnen dies ermöglicht wird.

Die Erhaltung der bergbäuerlichen Kulturlandschaft durch bloße Konservierung des Hergebrachten erscheint unbefriedigend und unrealistisch. Es kommt vielmehr darauf an, dem wirtschaftenden Menschen neue echte Existenzgrundlagen im bäuerlichen Raum zu erschließen. Dabei muß unbedingt getrachtet werden, die jeweiligen Landschaften in ihrer Eigenart zu erhalten. Der Bau von Hochgebirgsspeichern und der damit verbundenen Kraftwerke bietet vielfache Möglichkeiten solcher neuen Existenzgrundlagen. Bei entsprechend behutsamer Ausführung bleiben dabei die negativen Umwelteinflüsse klein und daher tragbar.

6. Zusammenfassung

Der Mensch als Glied der Natur darf und soll an dieser auch gestaltend mitwirken. Bei Sperrenbauten entspricht dem statischen Zusammenwirken von Bauwerk und Untergrund oft auch eine ästhetische Einheit von Technik und Natur. Speicherseen verändern zwar die Landschaft, werden jedoch als Bereicherung empfunden, ohne die Eigenart der Landschaft zu beeinträchtigen.

Während der Bauzeit sind die negativen Umwelteinflüsse eines Sperrenbaues allerdings erheblich. Die Nachteile einer Großbaustelle erstrecken sich jedoch nur auf die kurze Zeitspanne von 3 bis 5 Jahren.

Nach Fertigstellung eines Sperrenbauwerks ist heute die sorgfältige Beseitigung aller Bauspuren und die gute Einbindung des Bauwerks in die umgebende Landschaft eine Selbstverständlichkeit. Eine solche naturnahe und harmonische Eingliederung erfordert ein großes Maß an ökologischem Verständnis und Einfühlungsvermögen. Kraftwerksbauten im Gebirge bringen zahlreiche Aufträge an das heimische Handwerk und die Industrie, hochwertige Arbeitsplätze während des Baues und des späteren Betriebs der Anlagen, erhebliche Steuerleistungen an die Gemeinden und den Beginn oder die entscheidende Vergrößerung der Fremdenverkehrswirtschaft durch die Erschließung früher schwer zugänglicher Gebirgsregionen. Diese Schaffung neuer Lebensgrundlagen wirkt der vielfach drohenden Höhenflucht, Abwanderung und Aufgabe der Bodenbearbeitung und damit dem Verfall der bergbäuerlichen Kulturlandschaft entgegen. Weitere Vorteile für die unterhalb von Speichern liegenden Talschaften ergeben sich aus dem Geschieberückhalt, dem Hochwasserschutz und den häufig im Zusammenhang mit Kraftwerksbauten stehenden Verbesserungen der Infrastruktur.

Negative Auswirkungen von Hochgebirgsspeichern in ästhetischer Hinsicht bilden die unbegrünten Speicherraumhänge im Bereich der wechselnden Wasserstände. Beeinträchtigungen können sich auch durch die stark verminderte Wasserführung in Bächen unterhalb von Sperrenstellen wegen verminderter Schleppkraft für Geschiebe, verminderter Vorflut für Abwässer und Verringerung der Nutzwassermengen, z. B. für Feuerlöschzwecke, ergeben. Hier müssen durch jeweils geeignete Maßnahmen nachteilige Einflüsse beseitigt oder weitgehend gemildert werden.

Es zeichnet sich vorerst kein Verzicht der Menschheit auf ein weiteres Wirtschafts- und Konsumwachstum ab. Folglich muß auch mit einer weiteren Zunahme des Energiebedarfs und somit der Notwendigkeit neuer Kraftwerksanlagen gerechnet werden. Es gibt allerdings derzeit keine Kraftwerksarten ohne jede unerwünschte Umwelteinflüsse. Bei Hochgebirgsspeichern und den damit in Verbindung stehenden Kraftwerken sind bei entsprechender Ausführung solche negativen Begleiterscheinungen vergleichsweise gering und daher tragbar.

1.3 Der Einfluß der österreichischen Flußstauwerke auf die Umwelt

(Bericht R 53)

Baudir. Dipl.-Ing. P. Oberleitner, Österreichische Elektrizitätswirtschafts-AG, Wien

Die großen Flüsse Österreichs, Donau, Inn, Enns und Drau, waren seit eh und je ein Ziel der Wasserkraftplanung. Ihr Wasserreichtum und ihr Gefälle bieten die Möglichkeit, elektrische Energie in Flußstauwerken günstig zu gewinnen. Die geographische Lage zu den Hauptverbrauchszentren Österreichs förderten frühzeitig die notwendigen grundsätzlichen Planungen und den geschlossenen Ausbau ganzer Stauwerksketten. Die dabei angewandte Wasserbautechnik hat sich zum Teil in Österreich neu entwickelt oder den Erfahrungen und Beispielen mitteleuropäischer Flußausbauten angeschlossen.

Die Donau durchzieht den Norden Österreichs auf rund 350 km Länge von West nach Ost. Sie erreicht in der Stadt Passau bereits als großer schiffbarer Fluß das österreichische Staatsgebiet und verläßt rund 60 km unterhalb Wien als Strom wieder Österreich, nachdem sie die meisten ostalpinen Zuflüsse aufgenommen hat. An ihren Ufern liegen neben der Bundeshauptstadt Wien bedeutende österreichische Städte und Siedlungsgebiete sowie Wirtschaftszentren, die sich zur Großwasserstraße Donau hin orientieren. Sie durchfließt abwechselnd enge, in granitische Massive eingeschnittene Täler und weit ausladende, mit Sedimenten aufgefüllte Talbecken, in denen meist die größeren Zubringer aus den Alpen einmünden. Während in den engeren Talstrecken das Gerinne der Donau ein geschlossenes Bett mit wenig Austreifen zeigt, breitete sich der Fluß in früheren Zeiten in den Talbecken in vielen Verästelungen bis auf mehrere Kilometer Breite aus. Durch die Randlage des Flusses am granitisch-böhmischen Massiv, das er am Südrand öfter durchtrennt, sind mehrere Schwellen und Kataraktstrecken im Fluß vorhanden. Die landschaftliche Szenerie wechselt zwischen einem strengen, eng eingeschnittenen, bewaldeten Tal, deren Bergabhänge mit zahlreichen Burgen und Schlössern besetzt sind, und einem weit ausgedehnten, flach liegenden Au- und Kulturland, in welchem die Städte und Siedlungen liegen. In der östlichen, gegen Wien reichenden Strecke begleiten die Weingärten der Wachau und des Wiener Beckens auf viele Kilometer den Fluß. Trotz des stromartigen Charakters der Donau zählt sie im österreichischen Bereich immer noch zu den rasch fließenden Gewässern.

Der Inn durchfließt das österreichische Staatsgebiet in zwei getrennten Abschnitten. Er ist der größte Zubringer der Donau in Österreich und prägt mit seinem Wasser einen guten Teil der Wassercharakteristik der österreichischen Donau. Aus den hochalpinen Bereichen der Schweiz kommend, durchfließt er Tirol im ersten Abschnitt auf 180 km Länge, anfänglich in einer Kataraktstrecke und nachher im weiten flachliegenden Talboden Nordtirol liegend. Hier besitzt er noch den Charakter eines alpinen, rasch fließenden Wildflusses. Die Wasserkraftnutzung in Flußstauwerken beginnt beim Austritt aus den Alpen im bayrischen Raum und wird ab 70 km vor seiner Mündung in die Donau gemeinsam von Österreich und Bayern in einer geschlossenen Kette betrieben.

Diese gemeinsame Strecke liegt im Alpenvorland der Molasse zwischen breiten, fruchtbaren Landstreifen und ausgedehnten Auen. Die Sohle des Inn schürft im

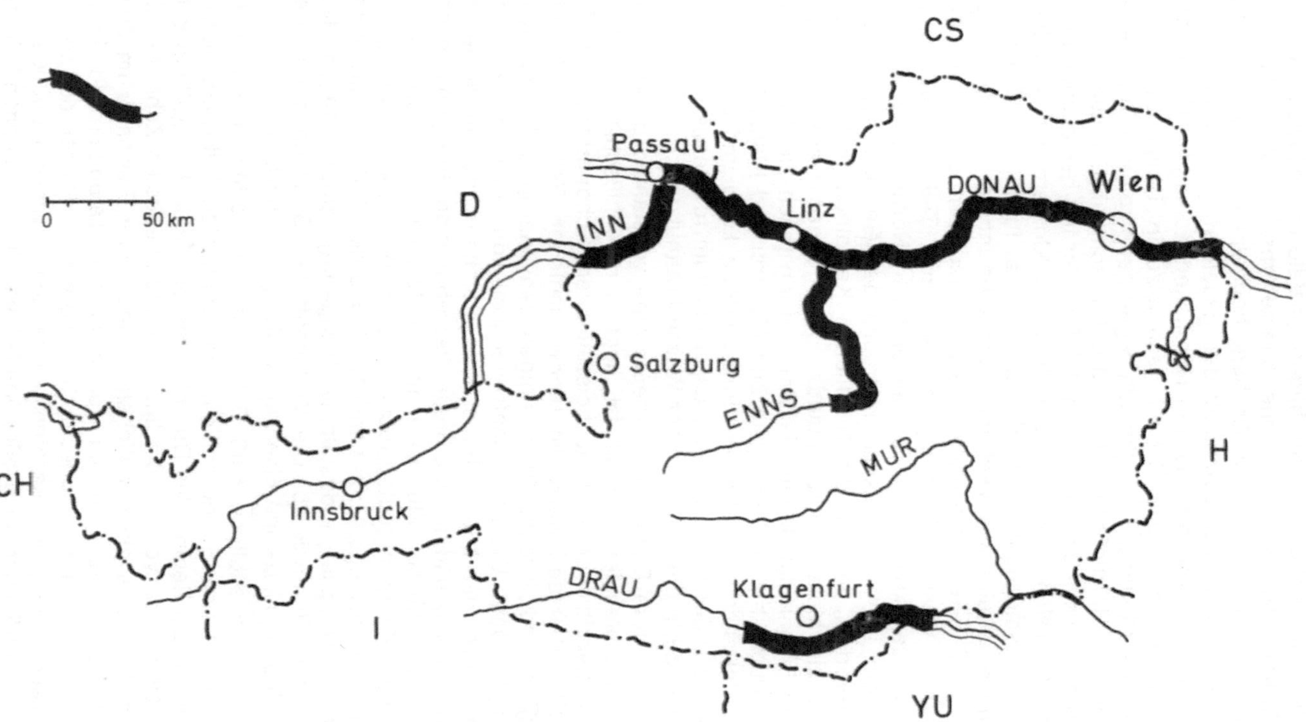

Abb. 1. Österreichische Flußkraftwerksanlagen

mergelartigen Flinz. Seine Uferterrassen bilden glaziale und alluviale Schotter. Steilufer aus mergelartiger Molasse und flache, kilometerbreite Aulandschaften säumen seine Ufer. Sein Wasser ist durch eine Mischung hochalpiner und voralpiner Abflüsse gekennzeichnet. Sein Geschiebe beinhaltet den gesamten geologischen Querschnitt von der Schweiz bis zum Austritt aus den Nördlichen Kalkalpen. Die sommerlichen Abflüsse lassen die Schnee- und Gletscherschmelze in Temperatur und Trübung erkennen. Nur wenige Städte und Siedlungen liegen nahe seinen Ufern. Seine frühere Bedeutung lag in der Holzflößerei und in der Salzschiffahrt. Diese wirtschaftliche Tätigkeit auf ihm prägte seit Jahrhunderten das Bild der ihn begleitenden Siedlungen in Form von alten, herrlichen Städten, Marktplätzen, Klöstern und sakralen Bauten. Die günstige Nutzungsmöglichkeit der Wasserkraft hat in neuerer Zeit im bayrisch-österreichischen Gebiet eine chemisch-metallurgische Industrie entstehen lassen.

Die Enns, der größte, rein österreichische Fluß, liegt zentral im Staatsgebiet. Sie fließt im Oberlauf in West-Ost-Richtung in einem zum Teil sehr weiten, moorigen Talboden zwischen den kristallinen Zentral- und den Nördlichen Kalkalpen, durchstößt letztere in der imposanten Kataraktstrecke des Gesäuses und mündet nach einem Süd-Nord-Verlauf, in dem die Nördlichen Kalkalpen und die vorgelagerten Flyschzonen und die Molasse nacheinander durchronnen werden, 20 km donauabwärts der Stadt Linz in die Donau. Die Enns ist ein rasch fließender, relativ kalter Wildfluß. Auf ihr wurde bis in die jüngste Zeit Flößerei und Kleinschiffahrt für Holz, Eisenerz und Eisentransporte betrieben. Ihre zentrale Lage und die Gefällsverhältnisse im Mittel- und Unterlauf sowie ihr Wasserreichtum rückte sie jedoch schon um die Jahrhundertwende in das Blickfeld der Wasserkraftnutzung.

Die mittlere und untere Enns, an der heute eine vollständig geschlossene Kraftwerkskette von 14 Stufen fertiggestellt ist, liegt in die Flußsohle eingeschnitten in den talfüllenden eiszeitlichen und nacheiszeitlichen Schotterterrassen. Der Flußschlauch pendelt fortlaufend zwischen uferwechselnden Fels- und Schotter- und Konglomeratflanken und durchbricht in einigen canyonartigen Flußabschnitten den nordalpinen Hauptdolomit. Die Landschaft wechselt vom hochalpinen Charakter im Süden über die waldreichen Mittelgebirgszonen, welche durch zahlreiche Seitentäler der Enns aufgeschlossen sind, in eine breite, flach-hügelige Voralpenlandschaft über, in der ein breiter Ausaum den Fluß begleitet. Im Bereich des Unterlaufs rücken die landwirtschaftlichen Kulturen, unterbrochen durch Waldstreifen, bis an den Fluß heran. Das sehr abwechslungsreiche Landschaftsbild des Flußlaufs mit seinen immer wiederkehrenden Rückblicken in das alpine Hochgebirge gibt auf engem Raum einen besonders reizvollen Eindruck ab. Die Wirtschaft der Siedlungen und der Städte Steyr und Enns sind auf Holz- und Eisenverarbeitung orientiert.

Die Drau, der größte südliche Fluß Österreichs, entspringt in den hochalpinen Bereichen der Zentralalpen. Sie durchfließt den südlichsten Teil Österreichs in West-Ost-Richtung, bis sie am Beginn des Durchbruchs der Südlichen Kalkalpen bei Lavamünd/Drauburg Österreich verläßt. Sie und ihre bedeutendsten Zubringer des Oberlaufs sind alpine Wildflüsse mit reichlichem Schnee- und Eiswasser im Sommer. Im weiteren Verlauf liegt sie zum Teil im weiten, flachen Talboden oder in Terrassen oder begleitenden Hügelketten eingeschnitten. Die weiten Wälder, die die Berghänge und auch die weiten Terrassen Kärntens bedecken, wechseln mit kleineren Flußaugebieten und Kulturflächen in großer Vielfalt ab. Die Siedlungen, einige bedeutendere Städte, wie z. B. Villach, liegen an ihren Ufern. Die bekannte Erholungslandschaft Kärntens mit ihren zahlreichen warmen Seen begleitet sie abgesetzt in ihrem Mittellauf. Sie wurde in früheren Zeiten für die Holzflößerei genutzt. Die Flußstrecke von der Stadt Villach abwärts ist für den Flußstaukraftwerksbau geeignet. Die Kraftwerkskette ist auf österreichischem Gebiet auf ca. 110 km Länge noch im Ausbau. Die Wässer der Drau kommen zum größeren Teil aus den kristallinen Zentralalpen und zum kleinen Teil aus den Südlichen Kalkalpen. Ihr zeitlicher Abfluß ist gegenüber der nördlich der Alpenkette liegenden Flüsse durch den besonderen Einfluß des Mittelmeerwetters (Adria) verschoben.

Außer an den vier genannten Flüssen gibt es in Österreich noch eine Reihe einzelner Kraftwerke oder kleinerer Kraftwerksgruppen mit Flußstauen. Die Kraftwerkskette der Mur sei hier noch besonders erwähnt, welche unter einer besonderen Wirkung der Wasserverschmutzung durch Industrie und Städte steht.

Bevor der Kraftwerksbau begann, hat sowohl im Mittelalter, besonders aber vor 100 Jahren die Flußregulierung Flußbett und Flußlandschaft wesentlich verwandelt. Der Kraftwerksbau ist somit nicht auf eine urtümliche Flußlandschaft gestoßen, sondern auf Landschaften, die ihrer Zeit entsprechend genützt und verändert waren. Die Flußregulierungen dienten zur Schiffbarmachung und Erhaltung der Naufahrt sowie dem Hochwasserschutz. Viele Flußstrecken und vor allem die in den breiten Becken, in denen sie weit verästelt das Landschaftsbild durch Auen, kleine Flußläufe, Tümpel, Furten usw. und den biologischen Lebensraum bestimmten, wurden mit der kanalisierenden Regulierung vollständig neu erstellt. Die Flußbette tieften sich ein, die Grundwasserstände der Umgebung wurden abgesenkt, weite Flächen der Hochwasserüberflutung entzogen, die Geschiebetrift reguliert, und die Fischerei stellte sich von der zwar mengenmäßig bescheidenen Deckung des Nahrungsbedarfs auf den Sport um. Die früher extensive Nutzung der begleitenden Aulandschaft durch Weide und Holzbringung wandelte sich zum Teil zu Intensivnutzungen nächst den Siedlungen sowohl für Land- und Forstwirtschaft als auch für Industrie.

Besonders an Donau und Inn wurden weite Flächen kulturfähig gemacht, für die Schiffahrt regulierte Verhältnisse geschaffen und für den damaligen bedeutenden Holztransport durch Flöße sichere Fahrrinnen offengehalten. Es traten aber schon damals negative Erscheinungen auf, wie die Verödungen von Aulandschaften und die besonders gefährdenden Hochwasserüberflutungen der neu gewonnenen Kulturlandschaft. Wie weit sich der Hochwasserabfluß selbst verschärft hat, kann mangels an Aufzeichnungen nicht mehr festgestellt werden. Durch die Herausnahme von bedeutenden Retentionsräumen wird jedoch eine Verschärfung eingetreten sein. Zwar änderten sich die Niederwasserstände der Flüsse durch die Regulierung positiv, doch wurden die in den nachwinterlichen Perioden auftretenden Eisstöße, welche immer wieder katastrophale Überschwemmungen hervorriefen, nicht beseitigt. Da die Schiffahrt schließlich allein auf die Donau beschränkt blieb, die Kleinschiffahrt und Flößerei auf den anderen Flüssen vollständig zum Erliegen kam, fielen viele Voraussetzungen für die Regulierungsziele der Flüsse weg, und die wasserbautechnische Tätigkeit mußte sich immer mehr mit den Erhaltungsproblemen aus der Eintiefung, den Uferanrissen, der Stabilisierung der neugeschaffenen Flußrinnen befassen, ohne dem angestrebten direkten Nutzen zu dienen.

Das Zuschütten von Altarmen nächst den Hauptsiedlungen zur Landgewinnung und die beginnende Industrialisierung veränderten bis zum Beginn des Wasserkraftausbaus noch fortwährend das Landschaftsbild und das Biotop des Flusses und seiner Umgebung. Es entstand somit eine Reihe neuer Aufgaben, auf die der Mensch eingehen mußte, um seinen Lebensraum lebenswert zu erhalten. Er mußte versuchen, die in Fluß geratene Veränderung seiner Umwelt an den Flüssen im positiven Sinn durch technische und biologische Maßnahmen zu beugen. In dieser Phase trat nun

Abb. 2. Donau-Stauraum in einem engen Tal

die Energiegewinnung aus Wasserkraft voll in das Blickfeld der Energiebedarfsdeckung des Menschen.

Für die Wasserkraftnutzung war die Konzeption der Flußstauwerke auf die verschiedenen Ziele der Energiegewinnung, der Schiffahrt, des Hochwasserschutzes und der Landeskultur abzustellen, wobei in den vier betrachteten Flußsystemen folgende Grundwerte zu gelten hatten:

	Donau	Inn	Enns	Drau
Wasserfracht/p. a. (in m³ × 10⁹)	40—50	23—25	4—5	7—9
Hochwasser (in m³/s)	8.000—14.000	5.600—7.400	2.500—3.800	3.000—4.000
Niederwasser (in m³/s)	400—600	170—200	30—60	40—60
Gefällshöhe (in m)	135	60	300	140
Nutzbare Wasserkraft (TWh p. a.)	14	2,5	2,6	2,2

Die errichteten und geplanten Flußstauwerke stehen in folgendem Besitz oder Verwaltung:

Donau

Österreichische Donaukraftwerke AG, Wien
Donaukraftwerk Jochenstein AG, Passau

Inn

Österreichisch-Bayerische Kraftwerke AG, Simbach

Enns

Ennskraftwerke AG, Steyr
Steirische Wasserkraft- und Elektrizitäts-AG, Graz

Drau

Österreichische Draukraftwerke AG, Klagenfurt

Sowohl für die zweckbestimmten Nutzungen der Schiffahrt und Wasserkraft war das Aneinanderschließen der einzelnen Flußstaue zu Kraftwerksketten wünschenswert und konnte auch durch entsprechende Aufteilung der auszubauenden Strecken erreicht werden. So entstanden Staustufenhöhen von 8 bis 25 m Höhe je nach Bedarf und Möglichkeit.

Die Grundsätze sind durch Rahmenpläne fixiert worden, welche den örtlichen Gegebenheiten und dem jeweiligen Stand der Technik angepaßt werden mußten. Diese Elemente bestehen aus wasserbautechnischen Anlagen wie Wehr, Kraftanlage, Dämme, Uferbauten, Verkehrswege und den landschaftsgestaltenden Änderungen. Das früher fließende Wasser wurde (außer bei Hochwasser) zu breiten, aufgestauten, langsam fließenden Gewässern. Dörfer und Siedlungen mußten zum Teil den neuen Bauten weichen und wurden entweder vor Überflutung geschützt oder in erhöhter Lage neu errichtet. Alle diese Maßnahmen führten automatisch zu einem Eingriff in bestehende Strukturen, die zum Teil nicht mehr zeitgemäß waren und keinen Wunsch und Bedarf mehr decken konnten. Eine umfassende moderne Gestaltung und Verbesserung mußte Platz greifen, um den geänderten Vorstellungen und Bedürfnissen der Wirtschaft, Technik und Umwelt gerecht zu werden. Die zu errichtenden Flußstauketten mußten daher Landschaft und Umwelt in verschiedenen Bereichen beeinflussen und im Sinne der zweckbestimmenden Absichten des Menschen wandeln. Diese Veränderungen annullierten oder glichen eine Reihe negativer Fakten früherer Flußregulierungen und menschlicher Tätigkeiten aus, aber auch neue Aufgaben wurden gestellt.

Auf Grund der Erfahrungen, Forschungen, Messungen und Feststellungen bei schon über mehrere Jahrzehnte bestehenden Flußstauwerken und bei den neu zu errichtenden Anlagen sind folgende Einflüsse erkennbar und feststellbar:

Interesse der Bevölkerung

Die Gewässer finden im allgemeinen immer mehr das Interesse der Bevölkerung, daher betrachtet sie kritisch die Gestaltung der Wasserkraftbauten, Veränderungen der Qualität und Menge des Wassers und die Möglichkeiten zur Neuschaffung eines natürlichen, aber anspruchsvollen Freizeit- und Erholungsraums. Die Wirtschaftlichkeit solcher Baumaßnahmen wird oft als zweitrangig betrachtet, sofern moderne Ansichten über einen gesunden Lebensraum mitverwirklicht werden können. Sie wird aber oft als Kriterium gegen solche Bauten benutzt, wenn es um privilegierte Rechte einiger Gruppen und althergebrachte Gewohnheiten und Vorstellungen geht. Die Flußstauwerke Österreichs stehen somit durch ihre Nähe zu den Siedlungen und Wirtschaftszentren im bevorzugten Blickfeld der Öffentlichkeit. Ihre Planungen und ihr Bau beeinflussen die öffentliche Meinung mehr als irgendwelche anderen industriellen Großvorhaben. Der Vorrangigkeit der Gewinnung sauberer Energie, wie sie der Wasserkraft zu eigen ist, wird wohl die notwendige Anerkennung gezollt, jedoch nicht allerorts. Vielfach wird die Forderung erhoben, anderwärtig, entfernt von der lokalgebundenen Möglichkeit, die Energie zu denselben wirtschaftlichen Bedingungen zu besorgen.

Wasserabfluß, Sedimentation und Eis

Die zu langsam fließenden Gewässern verwandelten Flußstaue haben die Niederwasserprobleme der Schiffahrt und des Grundwasserstands praktisch gelöst. Der Hochwasserabfluß, dessen Scheitelwelle theoretisch beschleunigt über die Flußstauwerke abläuft, kann jedoch durch Vorabsenkmaßnahmen in den einzelnen Staustufen reguliert werden. Dies erfordert zwar eine genaue Kenntnis der hydrologischen Verhältnisse und eine sorgfältige Disposition, welche in der Regel von der zuständigen Wasserbauverwaltung getroffen wird. Es können durch bewußtes oder selbsttätiges Aktivieren von Hochwasserrückhalteräumen die Wirkungen des Hochwasserabflusses verbessert oder zumindest nicht verschlechtert werden. Die Anlageverhältnisse an den Dämmen der Donaukraftwerke ermöglichen dies. An der Enns wurden z. B. durch Vorabsenken eines am Beginn der Kraftwerkskette liegenden Speicherraums viermal in einem Jahr hintereinander bewußt und geglückt die Hochwasserspitzen um mehr als 15% gekappt.

In den oberstliegenden Stauhaltungen der Flußstauwerke kommt es zu Sedimentation des Geschiebes und eines Teils der Schwebstoffe. Weitertreibende Schwebstoffe sedimentieren außerdem noch in den unterliegenden Flußstauen, sofern die Transportkraft des Wassers dies dort zuläßt. Die zu Beginn des Flußstauwerkbaus befürchteten Sohlhebungen und Anlandungen sind bei weitem nicht in dem Maß eingetreten, wie man sich dies ursprünglich vorstellte. Die fortschreitende Auffüllung des oberstliegenden Flußstaus führt zur Erhöhung der Transportkraft und damit zur Weitertrift der Sande und Schwebstoffe. Stauraumspülversuche, die man bei höherer Wasserführung und abgesenktem Stauziel durchführte, haben an keiner der Kraftwerksketten einen befriedigenden Erfolg gebracht. Nur beim Innflußstauwerk Kirchbichl wird nach einem ausgeklügelten System durch Stauraumspülung die Verlandung des Stauraums seit Jahrzehnten hintangehalten. Störende Veränderungen an den Stauwurzeln und den Zubringereinmündungen werden an Donau, Enns und Drau durch Baggerungen beseitigt. Die abgelagerten Mengen sind zwar bedeutend, die Inhalte der Stauräume aber so groß, daß es an Donau und Inn Jahrzehnte und an Enns und Drau Jahrhunderte zur Auffüllung braucht. Im Ennsstauraum Großraming wurden zwar jährlich etwa 100.000 m³ Schotter abgelagert, aber nach teilweiser Auffüllung der Stauraumtiefen wurde die Sedimentation der Schwebstoffe und Sande auf ein Drittel der anfänglichen Werte von 500.000 m³/Jahr reduziert. Die Sedimentation hat in den österreichischen Flußstauen zu keinen Unzulänglichkeiten und Verunstaltungen der Flußlandschaft geführt. Angelandeter Schotter und Sand werden an verschiedenen Stellen als Baustoff gewonnen.

Durch die Errichtung der Flußstauwerke haben sich die Eisverhältnisse verbessert. In 4 bis 6 Wochen strenger Winterszeit bilden sich geschlossene Eisdecken in den Stauräumen, die auch bei schwankenden Wasserspiegeln nicht aufbrechen und abtriften. Es kommt nur mehr in den freien Fließstrecken der Flüsse zur Eistrift. Die Eisstoßgefahr kann nach vollständigem Ausbau der Kraftwerksketten als gebannt angesehen werden. Die geschlossene Eisdecke auf den Stauhaltungen schützt auch das langsam darunter fließende Wasser vor weiterer Auskühlung und verhindert die für den Betrieb der Kraftwerke gefährliche Sulzeisbildung (im Wasser mitschwimmendes Eis).

Wassergüte, Wasserbiologie und Wassertemperatur

Die Wassergüte der Donau, des Inn, der Enns und Drau liegen nach der 4klassigen Güteeinteilung bei II, unterhalb großer Abwassereinleitungen bei II und III und im Mittelbereich der Enns zwischen I und II. Die Flußstauwerke verbessern im allgemeinen den Gütezustand durch den natürlichen Abbau der Abwässer in den Stauräumen. Der Sauerstoffgehalt wird jedoch im Stauraum durch diesen Vorgang etwas abgebaut, nach Durchfluß durch die Turbine aber wieder erhöht. Allgemein kann festgestellt werden, daß durch die Flußstaue ohne neuerliche Abwassereinbringung der Gütezustand von Stufe zu Stufe verbessert werden kann. Das biologische Gütebild der Gewässer Österreichs wird von der Bundesanstalt für Wasserbiologie und Abwasserforschung Wien-Kaisermühlen fortlaufend bearbeitet und dargestellt.

Die wasserbiologischen Untersuchungen haben ergeben, daß sich der Artenreichtum der biologischen Substanz durch die Flußstaue gegenüber den freifließenden erhöht hat, aber seine ursprüngliche Charakteristik nicht verlor. Die Flußstaue sind nur langsam fließende Flüsse geworden und limnologisch gesehen keine Seen.

Die geschlossene Flußstaukette führt zu einer höheren Wassertemperatur im Winter und einer niedrigeren im Sommer.

Die Rechenreinigungsanlagen der Staukraftwerke entfernen jährlich Tausende Tonnen Müll- und Abfallstoffe.

Eine Wassergüteuntersuchung an der Enns in der Restwasserstrecke des KW St. Pantaleon, in der im Winter 5 m³/s und im Sommer 10 m³/s in das etwa 80 bis

100 m breite Ennsflußbett abgegeben werden, zeigte die verblüffende Wirkung eines Grünalgenteppichs unterhalb der Abwassereinleitung der Stadt Enns. Die Sauerstoff-zehrung im Einleitungsbereich des Abwassers war durch die biologische Aktivität so groß, daß der Sauerstoffgehalt sprunghaft absank. Der seicht überlaufene Grün-algenteppich des Flußbetts assimilierte jedoch bei Tageslicht so stark, daß nach wenigen 100 m Fließstrecke die volle Sauerstoffsättigung wieder gegeben war. Mag der Grünalgenteppich mancherorts zwar unansehnlich sein, diese Flußstrecke wird aber von den Fischern als äußerst wertvoll geschätzt.

Kleinklima und Vegetation

Die immer wieder vorgebrachte Befürchtung, es könnten sich durch die vergrößerte, langsam fließende Wasserstrecke das Kleinklima und die Vegetation ändern, hat sich bis heute an den hier betrachteten Flußstauen nicht erweisen lassen. Die Wasser-flächen sind viel zu klein, als daß sie sich klimatisch auswirken könnten. Selbst Nebelmessungen haben keine feststellbaren Unterschiede aufgezeigt.

Die Arten der Vegetation säumen wie ehedem die Flußränder. Auf den Kunstbauten wurden wieder bodenständige Bäume und Sträucher gepflanzt. Im und am Wasser haben sich jedoch Pflanzen neu angesiedelt, welche früher nicht zu finden waren und aus den Bereichen der natürlichen Seen stammen.

Fische und Vogelwelt

Der größte Einfluß auf das Biotop der umgebenden Landschaft der Flüsse ist im Fisch- und Vogelweltbereich festgestellt worden. Das Abschneiden der einzelnen Gewässerstrecken durch die Kraftwerke verhinderten das Aufsteigen der Zugfische. Die anfänglich errichteten Fischleitern erfüllten nicht ihren Zweck. Die Fischerei, die nun keine Erwerbsfischerei mehr ist, sondern nur mehr sportlich betrieben wird, stellte sich auf Fischbesatz um. Die ursprünglichen Salmonidengewässer des Inn, der Enns und Drau wurden durch die Oberflächenerwärmung in den Stauräumen zu Brachsengewässern. Der Fischbesatz in den Flußstauen erhält nicht nur angestammte Fischarten, sondern bringt auch neue, für die Sportfischerei besonders bemerkens-werte. Zum Leidwesen der Fischer, die zu Hunderten diesem Sport in den Flußstauen nachgehen, entspricht der Fangerfolg nicht der vorhandenen Menge. Die größere Wassertiefe und die schier unbegrenzte Ernährungsbasis machen den Fisch beiß-unlustig. In der Donau kommen zum Besatz: Hecht, Zander, Aal, Karpfen, Seeforelle, Schleie. Allein im Flußstau Ybbs wurden jährlich zehntausende Fische dieser Arten ausgesetzt. In Enns und Drau halten sich die begehrten Huchen. Prachtexemplare von Seeforellen mit 9 bis 10 kg Gewicht werden jährlich aus den Tiefen der Enns-staue geangelt.

Mit dem Vorhandensein großer, ruhiger Wasserflächen, sumpfiger überstauter Uferpartien hat sich die Vogelwelt entlang der Flüsse gewandelt. Die früher nur in einzelnen Arten auftauchenden Wasservögel treten nun in einem nicht zu erwartenden Reichtum auf. Besonders eingehend durchforscht sind die Flußstaue der unteren Enns und die Innstaue Ering und Oberndorf. An der unteren Enns hat K. Steinparz, Steyr, nach dem Zweiten Weltkrieg eine Vogelbeobachtung begonnen, die ganz aus-gezeichnete Vergleichsmöglichkeiten mit Nennung jeder einzelnen Art erbracht hat. Neben den uferbewohnenden, auch früher beobachteten Vogelarten wurden innerhalb eines Jahres nach Errichtung des Flußstaus Staning an 70 neue Arten Enten, Gänse, Säger, Taucher, Reiher, Dommeln, Möwen, Schwalben, Wasser- und Strandläufer,

Schnepfen, Hühner, Rallen, Weihen und Adler beobachtet. Steinparz schreibt: „... Es war zu erwarten, daß die Schaffung ruhiger Wasserflächen eine bedeutende Bereicherung unserer Vogelwelt mit sich bringen wird, die eingetroffenen Ereignisse haben die Erwartungen weit übertroffen. Erfahrene Feldornithologen werden staunen, was in dieser kurzen Zeit zur Beobachtung gelangte, oder vielleicht an der Wahrheit zweifeln ... Der See als Gesamtheit bedeutet für unsere engere Heimat einen besonderen Gewinn landschaftlicher Schönheit." Dieses einzigartige Ergebnis der Beobachtung an der Enns ist jedoch auch auf die Inn-, Donau- und Drauflußstaue auszudehnen. Die neu erstandenen Wasserflächen mit ihren zum Teil nicht zugänglichen Uferstreifen bilden für die Vogelwelt einen einzigartigen neuen Lebensraum. Der Artenreichtum dieser künstlichen Wasserflächen übertrifft zum Teil den der natürlichen Seen Österreichs, selbst den Neusiedler See.

Landschaft und Siedlung

Der Einfluß der Flußstaue auf die Landschaft ist in der erweiternden Wirkung und in der Vervielfältigung des Blickdargebots zu sehen. Die früher zwischen Schotter- und Sandbänken schnell fließenden Gewässer des Inn, der Enns und Drau bilden heute große, ruhige Wasserflächen, sie bereichern das Landschaftsbild mit ihren vielfältigen Lichtspielen in der Sonne. Der Mensch hat diese neuen Landschaftsgebilde noch nicht voll in Gebrauch genommen. Sie sind daher zum Teil urtümlicher und natürlicher als manche „natürlichen Gewässer". Selbst dort, wo an der Donau ein Uferbau gegen den Wellenschlag der Schiffe oder ein Inndamm das Augelände vor Hochwasserflut schützt, hat naturhaftes Bauen in der Wasserbautechnik das Entstehen eines befriedigenden Landschaftsbilds ermöglicht. Landschaftsgestalter und Landschaftserhalter sind darüber zwar geteilter Meinung, ohne daß jedoch an der Tatsache etwas geändert ist.

Die Siedlungsstruktur hat in den Baubereichen der Flußstaue meist eine kräftige Verbesserung erfahren. Aussiedlung, Umsiedlung, Hochwasserschutzbauten sicherten den ufernahen Siedlungsbestand und gaben ihm zahlreiche Entwicklungschancen, die zu einem gesunden, selbsttätigen Weiterleben führten. So wurden an der Donau z. B. ganze Ortschaften wieder geschlossen neu errichtet, alte erhaltungswürdige Bauten renoviert und geschützt. An der Drau und an der Enns entstanden neue Dörfer und Liegenschaften, wie z. B. die Orte Kleinreifling und Reichraming an der Enns. Die Neuanlagen bilden einen wesentlichen Grundstock zur Lebensfähigkeit der Bevölkerung in diesen abgelegeneren Gebieten. Die den Kraftwerksbauten nahe gelegenen Orte und Gemeinden konnten durch den beim Bau eingeleiteten wirtschaftlichen Aufschwung viele Mängel ihrer Siedlungsstruktur aus eigenem verbessern. Die Errichtung von Wasserleitungen, Kanalisationen, Zufahrten, Park- und Erholungsanlagen waren mit jedem Bau verbunden. Öffentliche Einrichtungen, wie Bäder, die mit dem aufgewärmten Generatorwasser eine sichere Freibadesaison erlangten, und Sportplätze, die auf freiwerdenden Flächen im Zuge des Kraftwerksbaus angelegt werden konnten, haben die Beziehung der Öffentlichkeit zum Flußstau vertieft und neue Impulse gezeitigt.

Wirtschaft und Verkehr

Abgesehen von der eminenten volkswirtschaftlichen Bedeutung der Wasserkraft an sich beeinflussen die Kraftwerksbauten in Österreich die Wirtschaftsverhältnisse ihrer nächsten Umgebung durch Aufträge an Firmen und neue Steuern in den Gemeinden.

Abb. 3. Drau-Speicher Edling/Kärnten. Wirtschaft und Verkehr

Die 13 Staustufen der Donau in Österreich stellen eine Mehrzweckanlage für Wasserkraftnutzung und Schiffahrtsstraße dar. Ihr Ausbauprogramm hängt innig mit dem Bau der Großschiffahrtsstraße Rhein—Main—Donau zusammen. Die Hindernisse bei Niederwasser und die der Stromschnellen werden vollständig beseitigt, die nautischen Bedingungen der Schiffahrt wesentlich verbessert sein. Die Auswirkungen auf die Ansiedlung neuer Industrien an der europäischen Wasserstraße sind nicht zu übersehen.

Die Auswirkungen auf den Straßenverkehr sind durch die Neuanlage zahlreicher Flußübergänge und Straßenverbindungen sichtbar. Die erforderlichen Ersatzbauten gaben weitere Impulse für den Ausbau des umliegenden Straßennetzes. An der Donau verbessern 3 neue Donauübergänge die Kommunikation der beiden Ufer. An der Enns wurde durch den Neubau von 22 Brücken und Talübergängen und 46 km Straßen und Güterwegen auf 90 km Flußlänge der moderne Verkehr überhaupt erst ermöglicht. An der Drau wird der Wirtschafts- und Fremdenverkehr auf den neu angelegten Straßenstücken besonders gefördert.

Erholung und Fremdenverkehr

Die Anlage neuer Wasserflächen, geänderte Besitzverhältnisse und Zugänglichkeit haben die Flußstaue in allen Bereichen zu Erholungszonen werden lassen. Das Interesse gilt der Sportfischerei, dem Wassersport und den Wanderungen. Es entwickelt sich der Motorbootsport mit Wasserskieinrichtungen auf den langen, ruhig fließenden Stauen der Donau. Zentren des Massentourismus oder der regelmäßigen sportlichen Veranstaltungen sind am Donaustau Ybbs, Wallsee oder auf der internationalen Ruderregattastrecke des Ennsstaues St. Pantaleon zu finden. Die Wasserflächen der im freien Land liegenden Staue des Inn, der unteren Enns und der Drau nutzen die Segler. Wasserbreiten und Windverhältnisse machen diese Wasserflächen den natürlichen Seen ebenbürtig. Die Erholungsfunktion der Wasserflächen im Zeitalter des Massentourismus ist unbestritten. Die Flußstaue sind als echter positiver Beitrag für die Erweiterung der bestehenden Erholungslandschaft zu werten.

Aufschließung, bessere Unterbringung fördern den Fremdenverkehr, und die neuen Wasserflächen bieten eine angenehme Abwechslung im Erholungszyklus. Im Winter nützt jung und alt die Eisflächen der Buchten zum Eissport. Vielbahnige Kampfstätten für Eisstockbewerbe säumen in Siedlungsnähe die Ufer.

Der Mensch ist im Begriff, seine Beziehung zum Wasser und zum Fluß zu ändern. Während er früher den Fluß als einen der bequemsten Verkehrswege betrachtete, seine bescheidenen Bedürfnisse der Wasserwirtschaft aus ihm in einfacher Weise befriedigen konnte und die Fischerei einen Teil seiner Ernährungsbasis bildete, sind für den modernen Menschen diese Funktionen völlig bedeutungslos geworden. Im Übergang von der Agrargesellschaft zur Industriegesellschaft bedient sich der Österreicher der Erfahrung der Technik, Energie aus dem Fluß zu gewinnen und Großschiffahrt auf ihm zu betreiben. Das Ausnützen des Naturschatzes Wasserkraft in Form elektrischer, umweltfreundlicher Energie führt den Menschen zur umfassenden Einordnung der Flußlandschaft in seinen engeren Lebensbereich und zur Befriedigung seines Freizeit- und Erholungsbedarfs.

Zusammenfassung

Die großen Flußstauwerke Österreichs liegen an Donau, Inn, Enns, Drau. Sie sind als hydraulisch geschlossene Stauketten ausgebildet und Mehrzweckanlagen für Energiegewinnung, Schiffahrt, Hochwasserschutz, Niederwasserregulierung, Strukturverbesserungen an Siedlung, Verkehr und Wirtschaft, Erholung und Freizeiträume. Die Gewinnung elektrischer Energie steht bei allen österreichischen Flußstauwerken im Vordergrund, an der Donau gleich wichtig auch die Schiffahrt. Im Übergang von der Agrar- zur Industriegesellschaft ändert der Mensch seine Ansprüche auf Wasser und Fluß. Die Umweltbeeinflussung rückt in das öffentliche Interesse. Der Bau der Flußstauwerke in Österreich trifft bereits auf denaturalisierte, regulierte Flußsysteme. Die großen, neuen Wasserflächen der Flußstaue stellen ein neues Element in der österreichischen Kulturlandschaft dar. Die dabei dargebotenen Gestaltungsmöglichkeiten der Landschaft und der Umwelt kommen den Bedürfnissen des modernen Menschen entgegen. So überwiegen die positiven Einflüsse der österreichischen Stauketten bei weitem. Sie stellen geradezu einen wichtigen Beitrag zur notwendigen und im Gang befindlichen Strukturänderung des Lebensraums dar. Die Notwendigkeit, im Zuge der Umgestaltung manch ansonst historisch Erhaltungswürdiges zu verlieren, mag negativ beurteilt werden, es trifft meist museale Vorstellungen.

2. Frage 41 : Hochwasserableitung und Energieumwandlung während und nach Inbetriebnahme

2.1 Grundablässe mit Toskammern bei hohen Talsperren

(Bericht R 40)

Dipl.-Ing. Dr. techn. R. Widmann, Tauernkraftwerke AG, Salzburg

1. Einführung

Grundablässe für Talsperren sind aus verschiedenen Gründen erforderlich. Bei Talsperren, die dem Rückhalt von Überschußwasser für Bewässerungszwecke in Trockenzeiten dienen, müssen diese Dotierwassermengen über Grundablässe abgeleitet werden. Bei Talsperren für Speicher, die der Energieerzeugung gewidmet sind, müssen Grundablässe aus Sicherheitsgründen eingebaut werden, um eine Entleerung des Speichers auch dann zu ermöglichen, wenn die Triebwasserführung außer Betrieb ist. Alle in diesem Bericht beschriebenen Grundablässe sind bei Talsperren angeordnet, die der Energieerzeugung dienen.

Bei Grundablässen von hohen Talsperren tritt das Wasser mit großer Energie aus, die nun so abgebaut werden muß, daß im Abflußbereich kein Schaden hervorgerufen werden kann. Die einfachste und billigste Möglichkeit ist die Ausleitung eines Wasserstrahls durch die Luft, wo dann durch die Luftaufnahme eine Energieverzehrung eintritt. Dies ist aber nur dort möglich, wo das Vorland luftseitig der Sperre ausreichend stabil ist.

Bei den hier beschriebenen Grundablässen sind jedoch luftseitig der Sperre größere Überlagerungen im Talboden und an den Talhängen, so daß für die Grundablässe eine Ausführung gewählt werden mußte, die einen ruhigen Abfluß gewährleistet.

2. Beschreibung

Bei den Inbetriebnahmeversuchen des Grundablasses West der Bogengewichtsmauer Limberg für die Kraftwerksgruppe Glockner-Kaprun [1], die in den Jahren 1948 bis 1951 errichtet wurde, traten infolge eines unzureichenden Energieabbaus Schwingungen auf, die einen längeren Betrieb für nicht zweckmäßig erscheinen ließen. Diese Anlage bestand aus einem unterwasserseitig belüfteten Ringschieber und Austritt des Wasserstrahls in eine unterirdische, belüftete Toskammer. Mehrjährige Modellversuche ließen dann eine Lösung mit Flachschiebern und einer Toskammer ohne Luftzutritt als zweckmäßig erscheinen [2]. Der bestehende Grundablaß wurde umgebaut, die Inbetriebnahmeversuche zeigten erwartungsgemäß das einwandfreie Verhalten der neuen Anlage.

Diese guten Erfahrungen waren der Anlaß, auch für die von 1968 bis 1971 errichtete Bogengewichtsmauer Schlegeis der Zemmkraftwerke [3] das gleiche Grundablaßsystem zu verwenden. Von den hier zur Ausführung gelangten beiden Grundablässen wurde einer in einem linksufrigen Stollen um die Sperre herumgeführt, der zweite ist in der Sperrenmitte angeordnet. Die maximale Leistungsfähigkeit beider Grundablässe ergab sich aus der Abfuhrfähigkeit des Bachbetts unterhalb der Sperre ohne große Schäden mit etwa 150 m³/s, die ungleichmäßige Aufteilung aus dem Wunsch, die aus der Energieverzehrung möglicherweise entstehenden Schwingungen beim Grundablaß durch die Sperre schon durch die Verkleinerung der Energie möglichst gering zu halten.

Die Hauptdaten der drei Grundablässe sind in der folgenden Tabelle zusammengestellt:

		Limberg	Schlegeis I	Schlegeis II
Talsperre	Speichervolumen	hm³	83	127	
	Mauerhöhe	m	120	131	
	Kronenlänge	m	350	723	
	Mauerkubatur	m³	444.000	980.000	
	Druckhöhe, brutto	m	108	133	123
	Q max	m³/s	45	108	38
	Energie	PS	65.000	177.000	62.000
Grundablaß	Schieber Type		Düsen	Gleitschützen	
	Schieber Größe	m	2,0/0,85	2,1/1,25	1,45/0,70
	Toskammervolumen	m³	530	3000	800
	Rohr-⌀	m	2,20	2,60	2,0

Die grundsätzliche Anordnung dieses Grundablaßsystems ist am Beispiel des Grundablasses II der Sperre Schlegeis in Abb. 1 dargestellt. Beim Einlauf auf Kote 1666,0 m ist ein Rechen mit einer Fläche von $4,5 \times 4,0 = 18$ m² angeordnet. Die

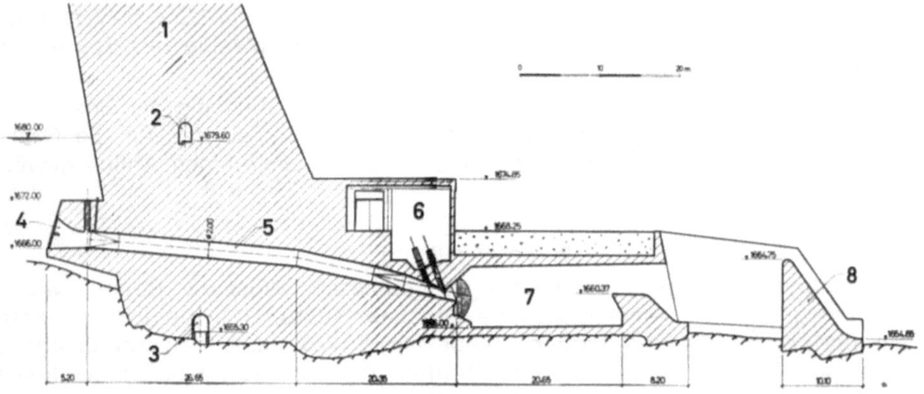

Abb. 1. Bogengewichtsmauer Schlegeis, Längsschnitt durch Grundablaß II

1	Sperre	5	Panzerung
2	Kontrollgang	6	Flachschieber
3	Sohlstollen	7	Toskammer
4	Einlauf	8	Überfall

Lichtweite zwischen den Rechenstäben beträgt 200 mm, der Querschnitt der Rechenstäbe 18×200 mm. Wegen einer möglichen Verklausung wurden die Rechenstäbe auf einen speicherseitigen Überdruck von 16 m bemessen. Unmittelbar hinter dem Rechen befindet sich eine Dammtafel mit einer lichten Weite von $2,0 \times 2,0$ m, die auf eine Druckhöhe von 25 m im normalen Betriebsfall bemessen wurde. Diese Druckhöhe entspricht einer Speicherspiegelhöhe, die 11 m über dem Absenkziel liegt; es ist daher auch bei abgesenkter Dammtafel ein Betrieb in der Kraftwerksstufe möglich. Die Dammtafel ist als Gleittafel ausgebildet. An den einbetonierten Teilen sind alle jene Flächen aus rostfreiem Stahl, die mit der Gummifeindichtung in Berührung kommen.

Nach einem Übergangsstück, anschließend an die Dammtafel, führt ein 33 m langes

Rohr mit 2,0 m ϕ zum Grundablaßverschluß. Für diesen Verschluß wurden zwei hintereinanderliegende Gleitschützen gewählt. Die oberwasserseitige Gleitschütze dient lediglich als Revisionsschütze, die unterwasserseitige als Betriebsschütze. Die Formgebung wurde auf Grund der Modellversuche gewählt. Die maximale Durchflußgeschwindigkeit beträgt etwa 20 m/s, im Schieberbereich etwa 40 m/s. Die Schützentafeln sind einteilig. Die Betätigung der Schützen erfolgt mittels doppelt wirkender Öl-Servomotoren, die von einem hydraulischen Aggregat gesteuert werden. Die Öffnungs- und Schließzeit beträgt etwa 5 Minuten. Am Schützengehäuse ist ein Stellungsanzeiger, der direkt mit der Schützentafel verbunden ist, angeordnet, von dem aus gleichzeitig die beiden Endschalter für die obere und untere Endstellung betätigt werden. Zwei Elektromotoren mit je 7,5 kW Antriebsleistung sind für den Antrieb der beiden Pumpen vorhanden. Die anschließende Toskammer ist in Stahlbeton ausgeführt. Der aus der Schieberöffnung austretende Strahl wird durch einen gepanzerten Gegenrücken in der Fließrichtung umgekehrt und gegen die Decke der Toskammer geführt. In der Toskammer bildet sich daher eine Walze aus, die Wasserstrahlen werden gegeneinander geführt und die Überschußenergie innerhalb des Tosbeckens nahezu ohne Energieabgabe nach außen aufgezehrt. Die Gegenschwelle am Ende der Toskammer ist mit einer 22 mm starken Panzerung gegen Erosion geschützt. Im tiefsten Punkt der Toskammer ist eine Entleerungsleitung angeordnet. Nach einem kleinen Auffangbecken ist noch ein Überfallrücken angeordnet, der den Wasserspiegel über der Firste der Toskammer sicherstellt. Über diesen Überfallrücken erfolgt die Rückgabe in das natürliche Bachbett, der Abfluß über die Überfallschwelle ist bereits vollkommen beruhigt (Abb. 2).

3. Modellversuche

Die Modellversuche zur Erprobung und Ausformung dieses Konstruktionsgedankens wurden im Institut für Wasserbau an der Technischen Hochschule Wien unter der Leitung von Herrn Professor Grzywienski durchgeführt. Zwei grundsätzliche Aufgaben waren hierbei zu lösen: Die Ausbildung im Bereich der Verschlußorgane mußte so gewählt werden, daß die unvermeidlichen Unterdrücke auf ein tragbares Mindestmaß begrenzt blieben, die Formung und Höhe der Gegenschwelle und die Größe der Toskammer mußten einerseits eine ausreichende Energieverzehrung und anderseits einen ausreichenden Gegendruck im Schützenbereich gewährleisten. Das Modell wurde im Maßstab 1 : 20 hergestellt, wobei die Toskammer und der Bereich der Schützen in Plexiglas ausgebildet wurden, um die Strömungsverhältnisse besser beobachten zu können. Für die drei Grundablässe wurde lediglich ein Modell hergestellt, die Anpassung an die verschiedenen Größen in der Natur erfolgte durch Umrechnung der Maßstäbe.

Insgesamt wurden 20 Betriebsfälle untersucht, und zwar je 4 Schieberöffnungen bei 5 verschiedenen Spiegellagen im Speicherbecken. Für jeden Betriebsfall wurden die Drücke an 45 Meßstellen in der Toskammer, im Schieberbereich und an der Panzerung gemessen. Die Formung der Oberflächen im Bereich der Schützennische und der Gegenschwelle wurde so lange geändert, bis Unterdrücke und Kavitationserscheinungen weitestgehend ausgeschaltet werden konnten. In Abb. 3 ist die für den Vollbetrieb gemessene Druckverteilung dargestellt. Man erkennt, daß das Auftreten von Unterdrücken im Modell überall vermieden werden konnte.

4. Naturversuche

Im folgenden sind die Grundablaßversuche bei der Sperre Schlegeis geschildert; jene bei der Limbergsperre nahmen einen ähnlichen Verlauf.

Abb. 2. Sperre Schlegeis in Bau, beide Grundablässe in Betrieb

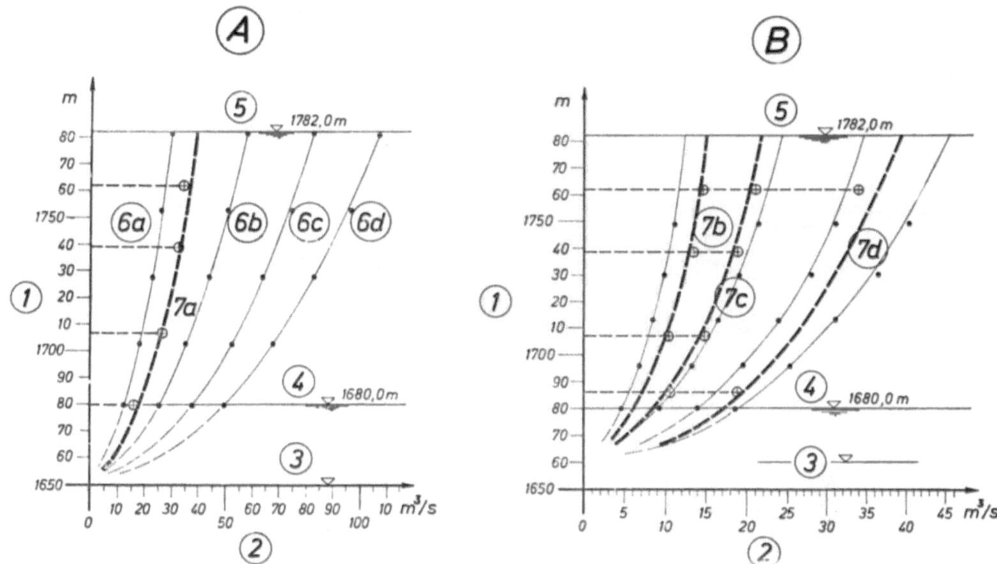

Abb. 3. Bogengewichtsmauer Schlegeis, Leistungsfähigkeit der Grundablässe

A Grundablaß I
B Grundablaß II
1 Speicherspiegelhöhe in m
2 Abfluß (m³/s)
3 Schieberachse
4 Absenkziel
5 Stauziel

6 Spaltweiten beim Modellversuch
   (volle Öffnung 125 cm)
   a = 25%, b = 50%, c = 75%, d = 100%
7 Spaltweiten beim Naturversuch
   7 a 34% (von 125 cm)
   7 b 30%
   7 c 50% (von 71 cm)
   7 d 100%

Die Füllung des Speichers erfolgte entsprechend dem baulichen Fortschritt der Sperrenbetonierung in mehreren Abschnitten. Im Jahr 1971 wurden während des zweiten Teilstaues bei vier verschiedenen Speicherspiegellagen (1680 = Absenkziel, 1707 m, 1739 m und 1762 m) beide Grundablässe in Probebetrieb genommen. Um auch allfällige kleinere Schäden im nicht geräumten Bachbett zu vermeiden, wurde die Öffnung der Grundablässe so begrenzt, daß etwa 40 m³/s Gesamtabfluß nicht überschritten wurden. Während der Versuche wurde an mehreren Festpunkten die Druckverteilung im Bereich der Schützennische und der Toskammer überprüft. Weiters wurden Schwingungsmessungen in der Schieberkammer und auf der Toskammerdecke durchgeführt. Bei den ersten Versuchen wurde die Überfallhöhe gemessen und mittels Flügelmessungen im Bachbett geeicht. Diese Eichkurve wurde dann bei den weiteren Versuchen verwendet, so daß nunmehr die Messung der Überfallhöhe genügte. Der Überfallbeiwert betrug etwa 0,74.

Die Leistungsfähigkeit der Grundablässe in der Natur entspricht durchaus den nach dem Modellversuch zu erwartenden Werten. Die geringen Abweichungen können auch mit der Meßgenauigkeit im Modell und in der Natur begründet sein (Abb. 3). Die Druckverhältnisse in der Toskammer wurden an einer Meßstelle (Abb. 4) überprüft. Bei beiden Grundablässen konnte ein geringer Überdruck (0,5 bis 2 m WS) festgestellt werden, der allerdings mit zunehmender Stauhöhe und Schieberöffnung etwas abnimmt. Ähnliche Messungen wurden an zwei Meßstellen in der Schützennische durchgeführt. Auch an diesen Meßstellen waren Abnahmen des Drucks bei steigendem Speicherspiegel festzustellen, während die Drücke mit zunehmender Schieberöffnung wieder ansteigen. An der Meßstelle 3 war während aller Messungen ein Überdruck von mindestens 1 m WS vorhanden; an der Meßstelle 2 wurden bei großen Druckhöhen und kleinen Schützenöffnungen bis zu 9 m WS Unterdruck ge-

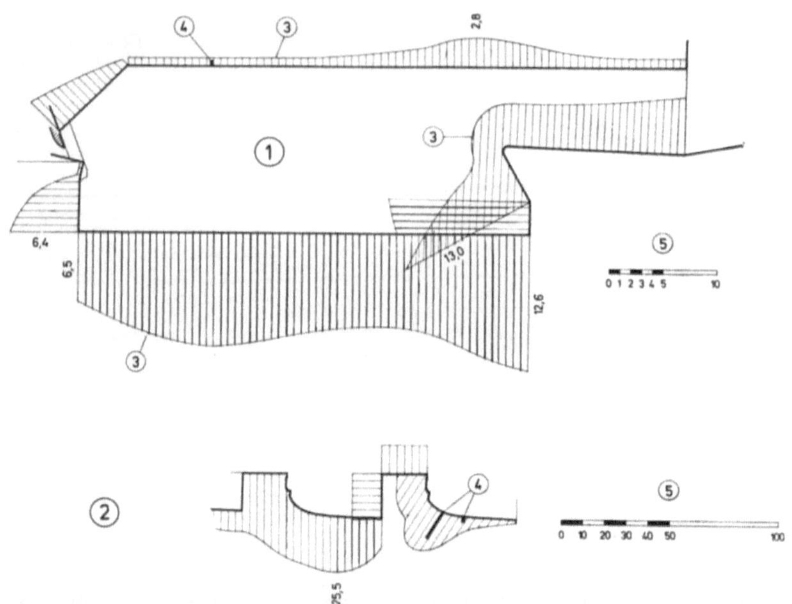

Abb. 4. Grundablaß II, Druckverteilung bei Stauspiegel 1765 m, Q = 35,5 m³/s

1 Toskammer, Längsschnitt
2 Schützennische, Horizontalschnitt
3 Drücke im Modellversuch t/m²
4 Drücke beim Naturversuch t/m²
5 Druckmaßstab

messen. Bei voller Öffnung ging dieser Unterdruck jedoch wieder in einen kleinen Überdruck über. Nach den Anzeigen der Meßgeräte waren diese Unterdrücke stabil, die typischen Kavitationsgeräusche waren nicht hörbar.

Die dritte Gruppe von Messungen betraf die Schwingungen in der Schieberkammer und auf der Toskammerdecke. Die Schwingungen in der Schieberkammer waren kaum fühlbar und lagen unter der Meßgenauigkeit. Etwa in der Mitte der Toskammerdecke wurden jedoch Schwingungen gemessen, deren Frequenz etwa jener der Eigenfrequenz der Stahlbetonkonstruktion mit 15 bis 20 Hz entsprach. Die Schnelle (Schwingungsgeschwindigkeit) wurde in drei zueinander senkrechten Richtungen gemessen und lag in allen Richtungen in der gleichen Größenordnung. Die größte resultierende Schnelle betrug 18 mm/s und liegt daher weit unter der Schadensgrenze für Stahlbetonbauwerke.

5. Zusammenfassung

Für die schadlose Energieverzehrung der Grundablässe für hohe Talsperren wurde bei drei verschiedenen Grundablässen eine unter Druck stehende Toskammer ausgeführt, deren Dimensionierung nach Modellversuchen gewählt wurde. Die Versuche in der Natur bestätigten im wesentlichen die beim Modell gewonnenen Ergebnisse, so daß sich diese Konstruktion voll bewährt hat.

Literatur

[1] „Large Dams in Austria." Published by the Österr. Wasserwirtschaftsverband, 1964.
[2] R. Widmann, „Hydraulic problems encountered during design of Zemm power scheme", Water Power July 1971.
[3] R. Widmann, „The Dams of the Zemm Hydro-Electric Scheme", World Dams Today, 1970.

2.2 Umleitungsmethoden für den Bau von Stauwerken an Flüssen

(Bericht R 41)

Dipl.-Ing. H. Römer, Mayreder, Kraus u. Co. Baugesellschaft m. b. H., Linz

1. Einleitung

Die Baudurchführung von Stauanlagen in strömenden Gewässern erfordert zwangsläufig die Umleitung des vorhandenen Gerinnes. Je nachdem, ob es sich dabei um eine reine Umleitung oder ob es sich gleichzeitig um eine Hebung des Wasserspiegels über eine feste Schwelle handelt, werden die Methoden zur Beherrschung des Bauvorganges verschieden sein.

Die Beschaffenheit des Flußgrundes beeinflußt in stärkstem Maß die Konstruktion der Fangedämme, von der wiederum die Auswahl der Umleitungsmethode abhängt. Umschließungen, die auf der blanken Felssohle gegründet werden, erfordern eine andere Art des Schließens der Baugrube als jene, die sich auf kiesigem Boden aufbauen.

Auch das Verhältnis der Größe des Gewässers zur Größe des Bauwerks spielt bei der Beurteilung und der Auswahl der Umleitungsmethode eine Rolle.

Weiters ist darauf Rücksicht zu nehmen, ob ein Gewässer schiffbar ist oder nicht. Die Forderungen der Schiffahrt sind oft ausschlaggebend für die Wahl des Umleitungsvorgangs.

Das Umleitungsbauwerk ist manchmal ein Teil des zu erstellenden Objekts. Seine Form, Größe und Lage beeinflussen wesentlich die Maßnahmen des Umleitungsvorgangs.

Wenn man die Umleitungsmethode vom Gesichtspunkt des Schließens einer Baugrube aus betrachtet, ergeben sich folgende Möglichkeiten:

Direktes Schließen und
Schließen über den Umweg eines provisorischen Einstaues im Unterwasser.

Nach der Art der Herstellung der Umleitung kann man unterscheiden:

Methode ähnlich dem Nadelwehr durch alternierenden Einbau von Fixpunkten im Gewässer,

Einbau von Stahlhindernissen in den abzuriegelnden Querschnitt,

Einbau von Betonblöcken,

Steinschüttdämme mit Kopfschüttung,

Steinschüttdämme mit Schüttung von Brücken,

Kiesdämme mittels Kopfschüttung.

Schon bei der Planung des zu errichtenden Bauwerks sollte man sich eine Vorstellung über die Umleitungsmöglichkeiten bzw. die hierfür geeignetsten Methoden machen und diese Erkenntnisse bei der Konstruktion der Anlage berücksichtigen. Man kann dadurch den Umleitungsvorgang wesentlich erleichtern.

Im folgenden werden Ausführungsbeispiele aus Österreich angeführt, bei denen die verschiedensten Methoden Anwendung fanden.

2. Theoretische Grundlagen

2.1 Hydraulische Berechnungen

2.1.1. Allgemeines

Vor jeder Umleitung eines Gerinnes muß zuerst festgestellt werden, ob die zum Zeitpunkt der Umleitung voraussichtlich herrschende Wassermenge klaglos durch das neue Umleitungsgerinne bzw. durch das Umleitungsbauwerk abgeführt werden kann und ob es sich bei diesem Abfluß um einen vollkommenen oder unvollkommenen Überfall handelt. Je günstigere Verhältnisse man in dieser Hinsicht schafft, um so leichter gelingt der Umleitungsvorgang. Es ist daher zu vermeiden, feste Wehrschwellen, die stark über die bestehende Flußsohle hinausragen, schon vor der Umleitung einzubauen, da diese eine wesentliche Hebung des Oberwasserspiegels bedeuten. Ein erhöhter Oberwasserspiegel bedingt eine größere Strömungsgeschwindigkeit beim Schließvorgang, was wiederum eine Vergrößerung des Gewichts der Einzelsteine für das Schließen nach sich zieht.

Je größer die Durchflußmenge und je eher das Wasser durch das neue Umleitungsgerinne abfließen kann, um so geringer ist die Wassermenge, die beim Schließvorgang bewältigt werden muß.

2.1.2. Hydraulische Beurteilung der Abriegelung

Die Höhe eines vor Kopf eingebrachten Abriegelungsdammes muß derart vorgeplant werden, daß bei der zu erwartenden Wasserführung des Flusses eine Zerstörung oder Arbeitsbehinderung durch Überströmen mit gewisser Wahrscheinlichkeit ausgeschlossen ist. Die dazu erforderliche hydraulische Ermittlung kann im allgemeinen genügend genau mit errechneten Abflußkurven in den maßgebenden Querschnitten zeichnerisch durchgeführt werden. Bei größeren Bauvorhaben und besonders bei mächtiger Kiessohle im natürlichen Flußbett wird sich jedoch auch eine Überprüfung im Modellversuch lohnen, da damit die natürlichen Eintiefungen erfaßt werden können. Nachstehend sei diese graphische Methode (Abb. 1) im Prinzip erläutert, wobei die OW-Abflußkurven für das Wehr und für einige Stadien des während der Abriegelung jeweils noch freien Naturgerinnes (Abflußbreiten B) als bekannt vorausgesetzt werden.

Wenn man die Abflußmenge über das Wehr mit QW und die Wassermenge, die noch im alten Flußgerinne vorhanden ist, mit QA bezeichnet, besteht die Beziehung

$$Q = QW + QA$$

Die Spiegelhöhe des Unterwassers hängt von der Wassermenge Q des Flusses ab und beeinflußt die QA-Werte, so daß für verschiedene Wassermengen verschiedene Kurvenscharen B für die Abriegelungszustände verwendet werden müssen. Da man solche Abriegelungen meist ohnehin während der Niederwasserperiode durchführt, wird man für die Untersuchung mit 2 bis 3 kennzeichnenden Wassermengen Q auskommen. Nimmt man dann etwa 4 verschiedene Abriegelungszustände, d. h. Durchflußbreiten B, an, so sind im natürlichen Gerinne beispielsweise 8 bis 12 Abflußkurven B_0 bis B_3 zu ermitteln.

Für den Abfluß über das Wehr QW sei bei der betrachteten Wassermenge Q der oberstromige Spiegel unabhängig vom Unterwasser, d. h., es herrscht ein vollkommener Überfall. Hier ist nur eine Kurve zu ermitteln, die auch aus der Bauwerksplanung übernommen werden kann.

Trägt man QA nach der einen und QW nach der anderen Seite auf, so kann man mit der gesamten Abflußmenge im Stechzirkel leicht die beiden Bedingungen für die Aufteilung der Wassermengen erfüllen, nämlich den gleichen OW-Spiegel auf beiden Seiten und die Summe der beiden Abflußmengen. Sicherlich läßt sich die Aufgabe auch rein rechnerisch lösen, aber bei einer Vorausplanung auf der Baustelle dürfte diese einfache Methode zielführender sein.

Aus den so gewonnenen QA-Werten und den zugehörigen Durchflußquerschnitten B_1 bis B_3 ergeben sich dann die für die Bestimmung der erforderlichen Wurfsteingrößen maßgebenden Durchflußgeschwindigkeiten.

Erscheint der Unterwasserspiegel höher als die feste Wehrschwelle, dann tritt der unvollkommene Überfall ein. In diesem Fall muß für jede UW-Höhe eine eigene Kurve für den Abfluß über das Wehr aufgetragen werden, die dann jeweils mit den dazugehörigen Kurvenscharen der Abriegelung zu verwenden ist.

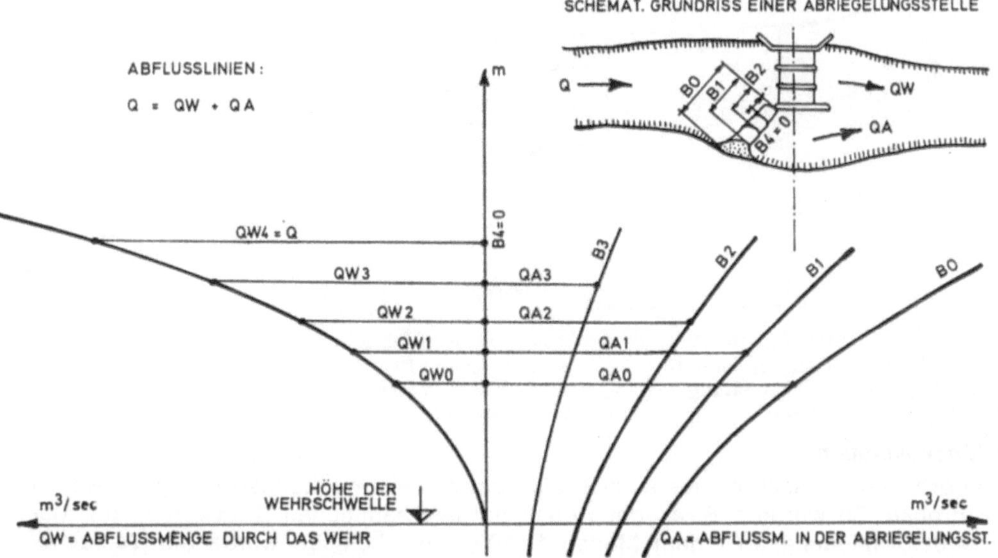

Abb. 1. Abflußlinien für eine Abriegelungsstelle bei einer bestimmten Wasserführung

2.1.3. Situierung der Abriegelungsstelle in der Flußrichtung

In Abb. 2 ist erkennbar, daß der Abriegelungsdamm um so höher sein muß, je weiter flußabwärts er innerhalb der Umleitungsstrecke angeordnet wird. Die hydraulische Überfallhöhe im Bereich des Abriegelungsdammes ist für die Wassergeschwindigkeit maßgebend und bestimmt damit die Schleppkraft am Kopf des Abriegelungsdammes. Ein Wasserpolster unterhalb der Abriegelungsstelle verringert hingegen die Kolkgefahr. Es ist daher in jedem Fall auf Grund der Beschaffenheit der Flußsohle und ihres natürlichen Gefälles zu untersuchen, ob man mit einem oder mehreren Dämmen die Abriegelung sicher ausführen kann.

Ein wirksames Mittel gegen die Kolkgefahr ist die Anordnung von 2 Abriegelungsstellen hintereinander, d. h. also die Unterteilung der hydraulischen Fallhöhe in 2 Teile, wobei der Wasserspiegel an beiden Dämmen gehoben wird. Die Geschwindigkeit und damit die Schleppkraft des Wassers wird durch diese Maßnahmen wesentlich herabgesetzt, und die Arbeit kann unter Umständen mit weniger Aufwand gelingen, als wenn nur ein Damm vorgeschüttet wird, von dem der Fluß die Hälfte während der Arbeit abträgt.

Bei Umleitungen von Flußstrecken durch Abschneiden eines bestehenden Flußbogens ist es daher zweckmäßig, die Maßnahmen hierfür möglichst in das Oberwasser zu verlegen, da dadurch das natürliche Gefälle des Gerinnes ausgenützt werden kann.

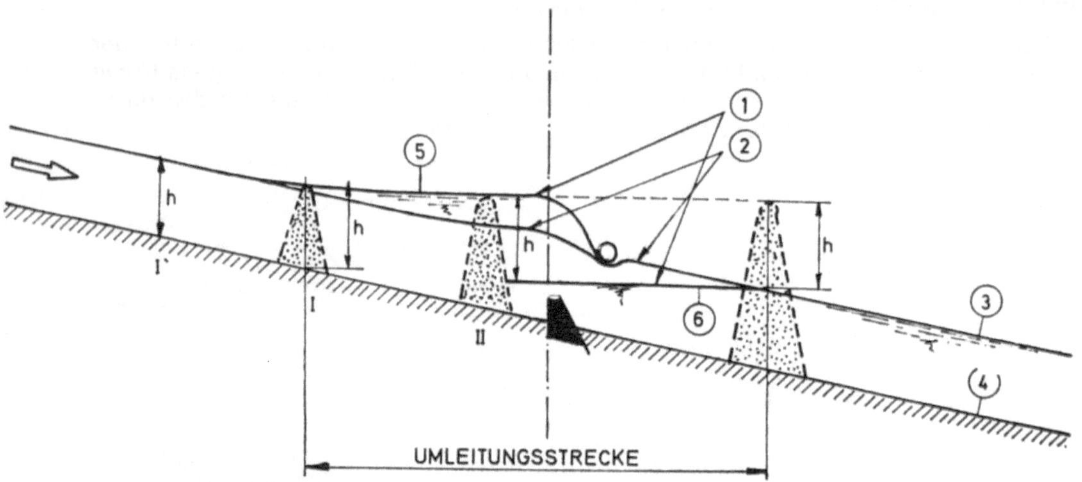

Abb. 2. Situierung der Umleitung in der Flußrichtung

1	Wasserspiegel nach der Umleitung	4	natürlicher Flußgrund
2	Wasserspiegel vor der Umleitung	5	gestauter Wasserspiegel
3	natürlicher Wasserspiegel	6	Totwasser

2.2 Modellversuche

Bei größeren Flüssen erwies es sich als richtig, den Umleitungsvorgang im Modell zu erproben. So wurde z. B. an der Donau bei fast sämtlichen Kraftwerken die Methode der Umleitung an einem Modell 1 : 100 entwickelt. Es wurde ein Versuchsprogramm erstellt, aus dem die gewünschten Werte zur Beurteilung des gedachten Bauvorgangs zu ersehen waren. Als Beispiel hierfür sei das Versuchsprogramm für die Errichtung des Bauzustands III beim Kraftwerk Ybbs-Persenbeug angeführt.

Alle Versuche waren mit 1000 m³/s, 2000 m³/s und 3000 m³/s Wasserführung der Donau auszuführen.

Dabei wurden folgende Messungen angestellt:

1. Wasserspiegelhöhen im Ober- und Unterwasser,

2. die Wassergeschwindigkeiten in den maßgebenden Querschnitten,

3. Festlegung der Stromstrichfäden,

4. Festlegung der zu erwartenden Kolkerscheinungen.

Nach Vorliegen der Ergebnisse dieser Modellversuche entschloß man sich, die Durchführung des Schließvorgangs nach dem Versuch 2 c auszuführen (Abb. 3). Die im Modell festgestellten Werte stimmten mit der Natur bestens überein. Über die Ausführung dieser Arbeiten wird noch unter den Ausführungsbeispielen berichtet.

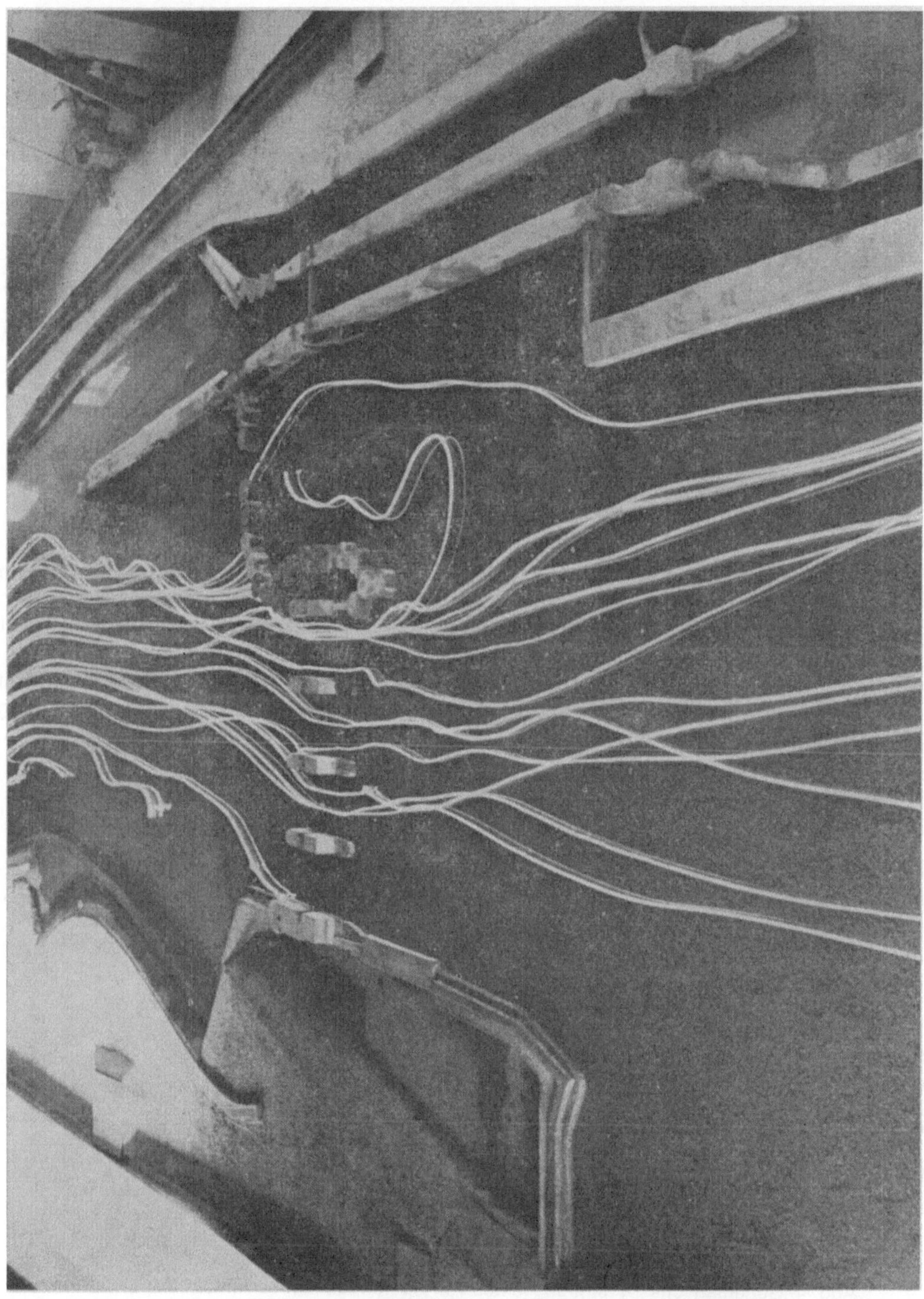

Abb. 3. Strömungsverlauf mit Ablenkungsdamm nach Versuch 2 c: Gleichzeitiger Vorbau im Oberwasser von links und rechts und Schließung mit Kreiszelle

2.3 Berechnung der erforderlichen Korngröße für das Schüttmaterial

Nach den Modellversuchen, die das Universitäts-College von Swansea durchgeführt und ausgewertet hat, kann die geringste Korngröße angegeben werden, die für die Herstellung eines geschütteten Absperrdammes bei verschiedenen Abflußgeschwindigkeiten erforderlich ist.

Diese Versuche ergeben, nach entsprechender Umrechnung auf unser Dezimalsystem, als empirische Beziehung:

$$d_S = 0,77\ S_0$$

Ferner gilt die bekannte Beziehung:

$$S = 1000\ JH$$

Darin bedeutet:

$d_S =$ Korndurchmesser in cm

$S =$ Schleppspannung in kg/m^2 auf der Gerinnensohle

$S_0 =$ Schleppspannung, bei der das Korn gerade bewegt wird, in kg/m^2

$J =$ Wasserspiegelgefälle (absolute Zahl)

$H =$ Wassertiefe in m bzw. $R = \frac{F}{U}$ bei Breiten bis 30 m

Durch die Verbindung beider Gleichungen ergibt sich:

$$\text{erf } d_S\ [\text{cm}] = 770 \cdot J \cdot H$$

Das Wasserspiegelgefälle J kann auf Grund hydraulischer Beziehungen mit Hilfe der Abflußlinien nach Abb. 1 oder durch Modellversuche ermittelt werden.

Somit kann zu jedem Abriegelungszustand der erforderliche Korndurchmesser für das Schüttmaterial ermittelt werden.

Als Rechnungsgang für diese Ermittlung kann für das Schließen einer Lücke mit einem Abriegelungsdamm von annähernd trapezförmigem Querschnitt folgender Weg vorgeschlagen werden (Abb. 4):

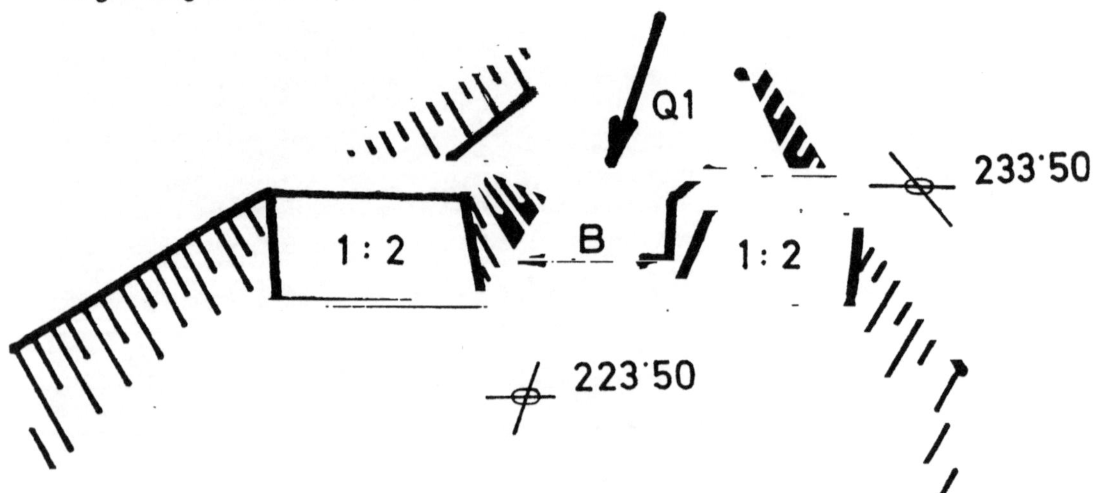

Abb. 4. Schematische Darstellung eines Abriegelungsdammes mittels Kopfschüttung

1. Berechnung der Durchflußwassermenge QA im Altarm nach Weißbach für einen Trapezquerschnitt (Abb. 5).

$$Q = Q_R + Q_T + Q_A$$

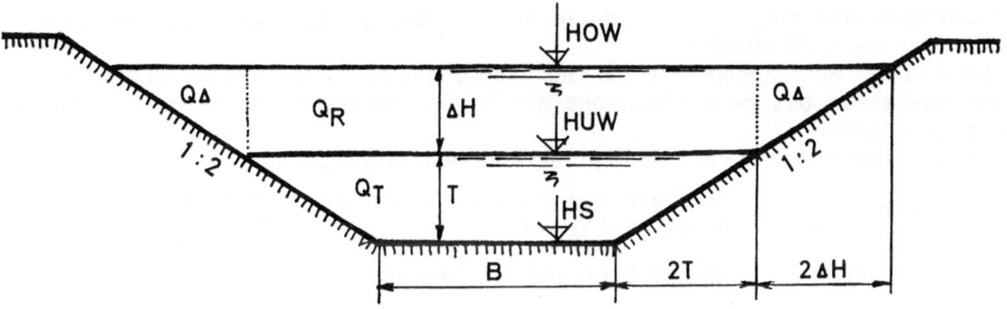

Abb. 5. Querschnitt durch die Abriegelungsstelle

2. Ermittlung der Wasserspiegelhöhe H in der Durchflußöffnung aus der Beziehung

$$H + \frac{V_o^2}{2g} = H + \frac{V^2}{2g} \quad \text{und} \quad V = \frac{Q_A}{H\,(B + 2H)}$$

Dabei wird $\frac{V_o^2}{2g} = 0$ gesetzt und die Böschungsneigung mit $1:2$ angenommen

(Abb. 6).

$$H_o + \frac{V_o^2}{2g} = H + \frac{V^2}{2g}$$

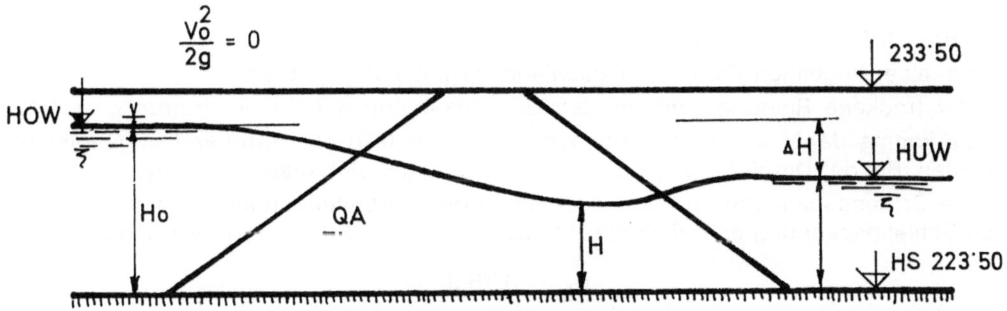

Abb. 6. Längenschnitt durch das Gerinne

3. Berechnung der Schleppkraft S nach der Formel

$$S = 1000 \, JH$$

4. Erforderliche Steingröße

$$d_s \, [cm] = 770 \cdot J \cdot H$$

Zur Prüfung der Angabe $d_s = 0,77 \, S$ kann ein Vergleich unter Zuhilfenahme von Erfahrungswerten mit Schlierböden geführt werden, die für Standsicherheitsuntersuchungen gemacht wurden.

Es wird der Reibungsbeiwert des Geschiebes auf der Sohle (nasser Schlier) dem Reibungsbeiwert des Bauwerksbetons auf der Gründungssohle (trockener Schlier) gegenübergestellt.

Vorweg seien folgende Beziehungen und Annahmen eingeführt:

$V = 0,75 \, d_s^3$	Volumen des Einzelkorns, bei einer Form zwischen Kugel und Würfel
$F = 0,80 \, d_s^2$	Grundfläche des Einzelkorns
$\gamma u = \gamma - 1000$	spezifisches Gewicht des Geschiebekorns unter Wasser kg/m³
μ	Reibungsbeiwert des Geschiebes auf der Sohle
P	Reibungskraft des Geschiebes auf der Sohle in kg/m²

Aus der Beziehung

$$ds = 0,77 \, S$$

ergibt sich mit $\gamma u = 1400 \, kg/m^3$ folgendes:

$$P = \mu \frac{\gamma u \cdot V}{F} = \mu \frac{1400 \cdot 0,75 d_s^3}{0,80 d_s^2} = 13,12 \, \mu d_s \, kg/m^2$$

wobei ds in cm einzusetzen ist. Setzt man jetzt

$$P = S = \frac{d_s}{0,77} = 13,12 \, \mu \cdot d_s$$

ergibt sich für $\mu = $ ca. 0,10.

Bei einer hügeligen Form des Geschiebes ergibt sich $\mu = 0,14$.

Der trockene Reibungswert für den Bauwerksbeton auf Schlier betrug $\mu = 0,17$.

Es konnte daher der errechnete Wert von $\mu = 0,10$ als zutreffend angenommen werden. Bei der Durchführung der Arbeiten bestätigte sich diese Annahme.

Die Schleppspannung an den Böschungen der Durchflußöffnungen ist geringer als die Schleppspannung an der Sohle. Es kann daher der Steindurchmesser dB mit

$$d_B = 0,75 \, d_s$$

angenommen werden.

<h1 align="center">3. Ausführungsbeispiele</h1>

3.1 Bauvorhaben an der Enns

Das Einzugsgebiet der Enns liegt im Mittelpunkt von Österreich und umfaßt an der Mündung 6080 km², die gesamte Wasserfracht beträgt 6860 Mill. m³/Jahr. Diese zentrale Lage verleiht ihren Wasserkräften besondere Bedeutung. Die mittlere Wasserführung beträgt 150 m³/s im Oberlauf und 240 m³/s im Unterlauf der oberösterreichischen Flußstrecke. In diesem Bereich wurden 10 Staustufen errichtet, wovon über die Umleitungsmethode während der Baudurchführung von 4 Werken berichtet wird.

3.1.1 Ennskraftwerk Rosenau

Der Bau dieser Staustufe kann als eine der ersten Großbaustellen Österreichs nach den Kriegsereignissen bezeichnet werden, da der Beginn der Arbeiten im Dezember 1950 erfolgte.

Auf Grund der geologischen Verhältnisse des Flußgrundes und der wirtschaftlichen Überlegungen kamen hier nur Betonfangdämme aus vorgefertigten Betonwürfeln in Betracht. Die Dämme haben einen massiven Betonkern, der aus einzelnen Blöcken von 2 m Dicke × 3 m Länge besteht und der im strömenden Wasser nach der Unterwassermethode hergestellt wurde. Nach Schließen des Kerns, der mit seiner Höhe gerade den Bauwasserstand beherrschte, konnte die entstandene Baugrube ausgepumpt und die Verbreiterung und Erhöhung des als Schwergewichtsmauer wirkenden Fangdammes mittels der vorher erwähnten Betonblöcke 0,80 × 0,80 × 0,80 m ausgeführt werden (Abb. 7).

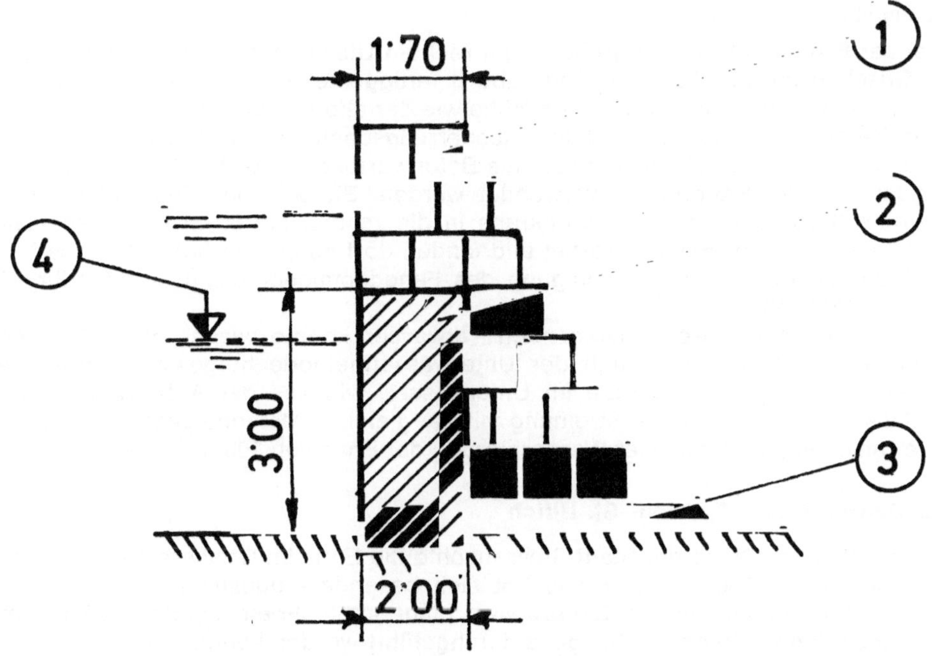

Abb. 7. Fangdamm aus Betonwürfeln

1 Betonwürfel 80 × 80 × 80 cm	3 Sohlbeton
2 Unterwasserbeton	4 Bauwasserstand

Für die Baudurchführung waren 3 Baugruben nötig, so daß mit einer dreimaligen Wiederverwendung der Blöcke gerechnet werden konnte (Abb. 8).

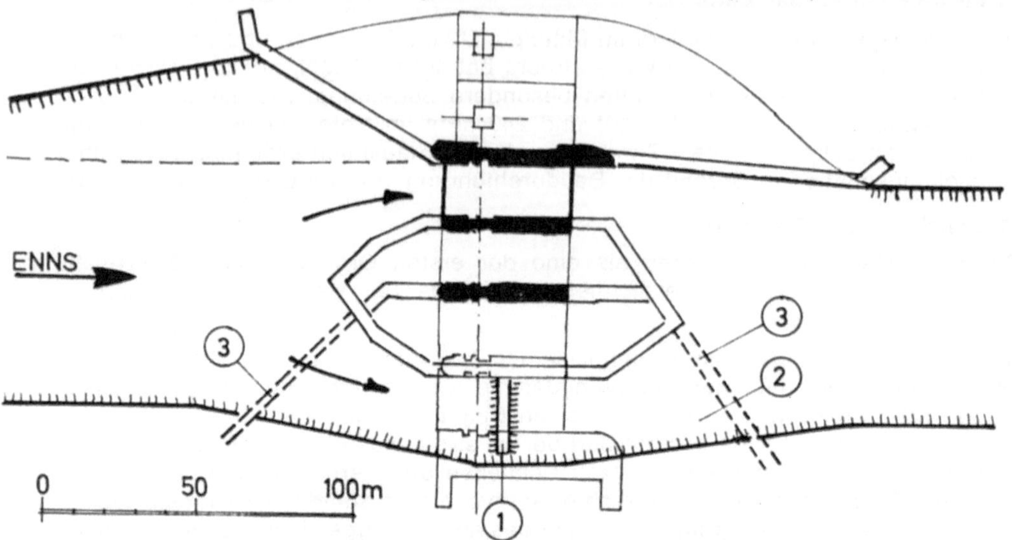

Abb. 8. Baugrubenumschließungen Ennskraftwerk Rosenau

1 Absperrdamm aus Betonwürfeln   3 neu zu errichtender Fangdamm
2 Baugrube

Bei der Errichtung der Baugrube III am rechten Ufer mußte die Enns durch das in der Zwischenzeit innerhalb der Baugrube II fertiggestellte Wehr umgeleitet werden. Die Wehrschwelle lag in der gleichen Höhe wie der alte Flußgrund.

Zur Herstellung des notwendigen Absperrungsdammes im Bereich des rechtsufrigen Durchflußquerschnitts konnten die Betonwürfel des gleichzeitig abzutragenden Fangdammes der Baugrube II verwendet werden. Sie wurden mittels eines in der Baugrube II vorhandenen Turmdrehkrans in die rechte, ca. 60 m breite ehemalige Durchflußstrecke der Enns geworfen und fanden dort nach dem Schließen des Kerns der Baugrube III zur Vervollständigung des Fangdammquerschnitts wieder ihre Anwendung (Abb. 9).

In dem im Oberwasser entstehenden Totwasser konnte wieder ohne Schwierigkeiten der Fangdammkern nach der Unterwassermethode hergestellt werden. Anschließend wurde die Baugrube im Unterwasser, wie aus der Abb. 12 ersichtlich, ebenfalls ohne nennenswerte Strömung mit der gleichen Methode geschlossen.

Die Umleitung fand bei einer Wasserführung der Enns von 100 m³/s statt.

3.1.2 Ennskraftwerk Garsten—St. Ulrich

In unmittelbarer Nähe der Stadt Steyr machte die Enns im Ortsbereich von Garsten eine Schleife um 360°. Diese Stelle bot sich besonders günstig für die Errichtung eines Kraftwerks an, da die Bauarbeiten nicht im Flußbett, sondern vollkommen unabhängig innerhalb des Flußbogens durchgeführt werden konnten (Abb. 10).

Die Hauptaufgabe der Umleitung der Enns in das neu errichtete Kraftwerk bestand in der Abriegelung des alten Flußbetts und der Öffnung des neu gebaggerten Gerinnes.

Abb. 9. Vorbau des Würfeldammes

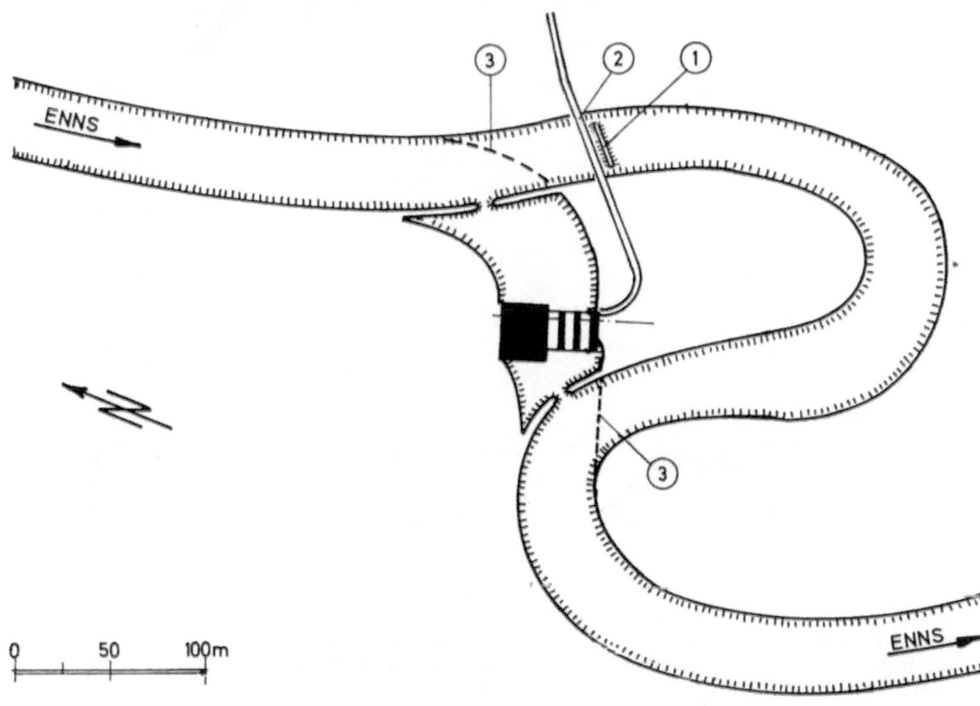

Abb. 10. Ennskraftwerk Garsten, Lageplan

1 Absperrdamm
2 Baubrücke
3 künftige Uferböschung

Nach Fertigstellung der Bauarbeiten innerhalb der Baugrube und Herstellung des ober- und unterwasserseitigen Anschlußbettes der Enns wurde die Wasserhaltung abgestellt und mit dem Abtrag des OW- und UW-Böschungsriegels begonnen. Zur Umleitung der Enns verwendete man die vorhandene Baubrücke, von der man flächenhaft mittels Lastkraftwagen Steinmaterial seitlich in das alte Flußbett kippte. Im Schutz dieses Absperrdammes konnte vom linken und rechten Ufer aus der Ennsabflußdamm geschüttet werden.

3.1.3 Ennskraftwerk Weyer

In einem tief eingeschnittenen, engen Tal liegt bei Strom-km 77,5 das Kraftwerk Weyer, welches aus einem Pfeilerkraftwerk und einem Auslaufkraftwerk besteht. Vor der Inangriffnahme der Bauarbeiten beim Pfeilerkraftwerk am linken Ufer mußte eine Flußverbreiterung aus der rechtsufrigen Felswand herausgeschossen werden, um das Hochwasser während der Baudurchführung schadlos abführen zu können.

Die linksufrige Baugrube diente zur Herstellung des Einlaufbauwerkes für den Triebwasserstollen, des linken Wehrfeldes und des Pfeilerkraftwerkes. Nach Abschluß dieser Arbeiten mußte die Enns über das fertige Wehrfeld geleitet werden. Zunächst schüttete man von der in der Nähe der Wehrachse befindlichen Baudienstbrücke einen Absperrdamm von ca. 35 m Länge aus groben Wurfsteinen, der eine Hebung des Wasserspiegels von zirka 2 m bewirkte. Anschließend gelangte der Umleitungsdamm im Oberwasser zur Ausführung, wodurch die hydrostatisch notwendige Spiegelhöhe für den Wehrabfluß erreicht werden konnte (Abb. 11).

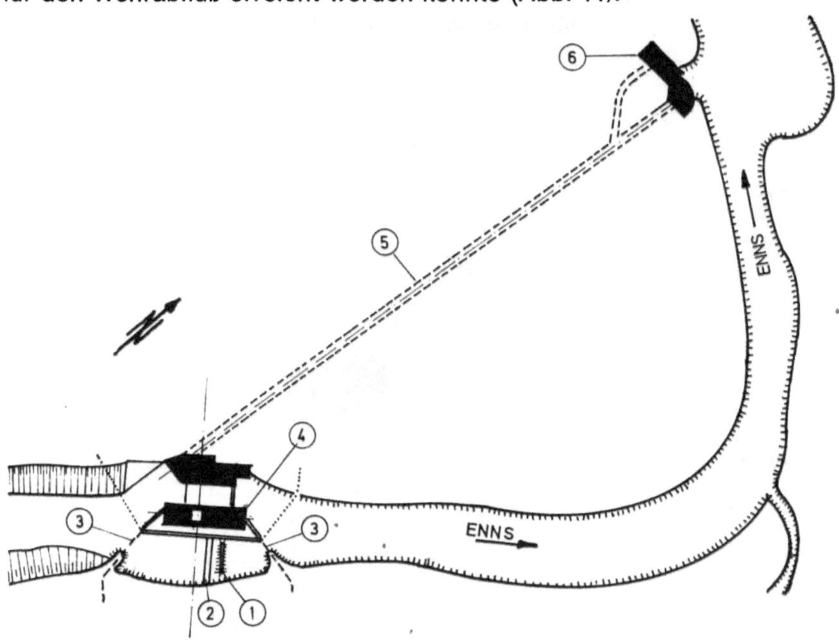

Abb. 11. Lageplan Kraftwerk Weyer

1 Absperrdamm	4	Wehrkraftwerk
2 Baubrücke	5	Triebwasserstollen
3 zukünftiger Fangdamm	6	Ausleitungskraftwerk

Abb. 12. Ennsumleitung beendet

Die Sohle des Umleitungsgerinnes befand sich auf Kote 368,50, die Höhe des Wehrhöckers beträgt 373,50. Die Umleitung fand bei einer Wasserführung von ca. 100 m³/s statt und war in 2 Tagen beendet, wobei ca. 3000 m³ Bruchsteine mit einer maximalen Größe von 2,5 t Verwendung fanden (Abb. 12).

3.1.4 Ennskraftwerk Schönau

Das Ennskraftwerk Schönau bildet im Ausbaurahmen der Enns die zehnte und oberste Stufe einer geschlossenen Kraftwerkskette von der oberösterreichischen Landesgrenze bis zur Einmündung in die Donau und liegt beim Strom-km 86,4.

Der Bau mußte in zwei Baugruben durchgeführt werden, wobei infolge der beengten Platzverhältnisse zuerst ein Teil der Wehranlage im alten Flußbett errichtet wurde, währenddessen die Enns in der späteren Krafthausbaugrube abfloß (Abb. 13). Nach Umleitung der Enns über die zwei fertiggestellten Wehrfelder konnten die Hauptbaugrube des Krafthauses und das restliche Wehrfeld errichtet werden. Bemerkenswert bei diesem Umleitungsvorgang wäre die Anwendung von sogenannten „Igeln" und Steinketten, die ersteren bestehen aus Abschnitten eines alten Gittermastes, wobei Eisenbahnschienen nach allen Seiten und Richtungen durchgesteckt und miteinander verschweißt wurden.

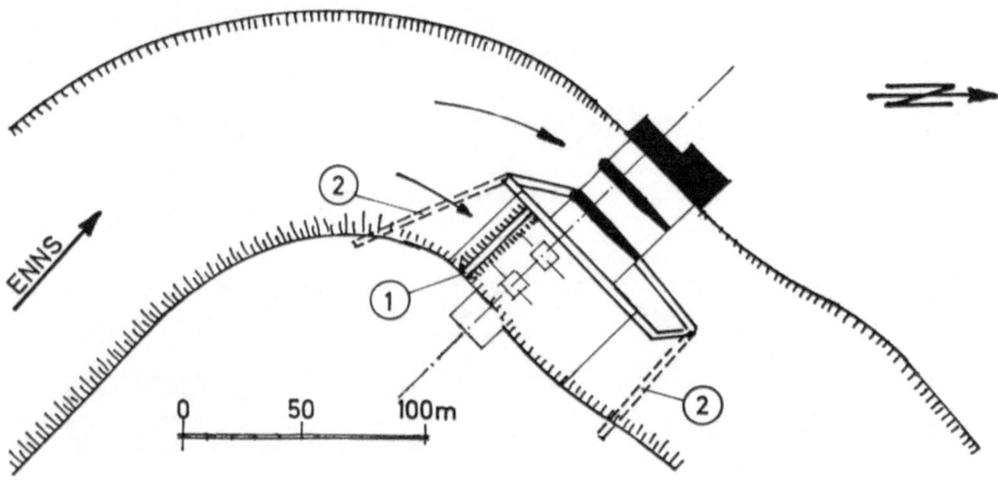

Abb. 13. Ennskraftwerk Schönau

1 Absperrdamm   2 zukünftiger Fangdamm

Dieses sperrige Gebilde befestigte man an einem alten Baggerseil und zog es mit einer Schubraupe in die Strömung, wo es sich in die Kiessohle des Flußbetts eingrub. Auf diese „Igel" konnten nun in schrittweisem Vorbau die Wurfsteine gesetzt werden. Ein in der Zwischenzeit eingetretenes Hochwasser überflutete den Absperrdamm und verursachte Kolkschäden, die aber anschließend behoben werden konnten (Abb. 14). Die Steinketten bestehen aus größeren Wurfsteinen, die durchbohrt und mittels alter Drahtseile zusammengefädelt wurden. Sie verhindern das Abtragen der Wurfsteine durch die starke Strömung. Eine besonders große Spiegelhebung des

Abb. 14. Absperrdamm, durch Hochwasser überronnen

Oberwassers war nicht notwendig, da die Kote des Wehrhöckers nur wenig über der natürlichen Flußsohle lag.

3.2 Bauvorhaben an der Drau

Der Ausbau der österreichischen Draustrecke, insbesondere der mittleren und unteren Drau, brachte ebenfalls eine große Anzahl von Staustufen.

Vom Bau dieser Anlagen seien als charakteristische Beispiele nachstehende Kraftwerke hervorgehoben.

3.2.1 Draukraftwerk Edling

Die Drau weist bei der Wehrstelle Edling ein Einzugsgebiet von rund 10.600 km² auf und entwässert ganz Kärnten, mit Ausnahme des Lavanttals und des südlichen Teils Unterkärntens. Die mittlere Wasserführung beträgt 270 m³/s. Die Fangdämme wurden für ein 14jähriges Hochwasser von Q = 1600 m³/s ausgelegt.

Der für die Situierung des Hauptbauwerkes (Wehr- und Kraftstation) in Frage kommende Flußabschnitt liegt am Beginn einer engen und mehrfach gekrümmten Schluchtstrecke, die aus geologischen und topographischen Gründen für die Lage der Bauwerksachse mehrere Varianten zuließ.

Die Wahl fiel schließlich auf die breiteste Stelle der Flußkrümmung, die es gestattete, Wehr- und Krafthaus in eine einzige Baugrube zusammenzufassen und nach Fertigstellung der Bauwerksteile innerhalb der Fangdämme die Drau durch Umleitung durch das neue Wehr zu führen (Abb. 15). Dieser Bauvorgang kam hier erstmalig zur Anwendung und stellte durch die hohe Lage der Wehrschwelle einen erschwerten Umleitungsvorgang dar.

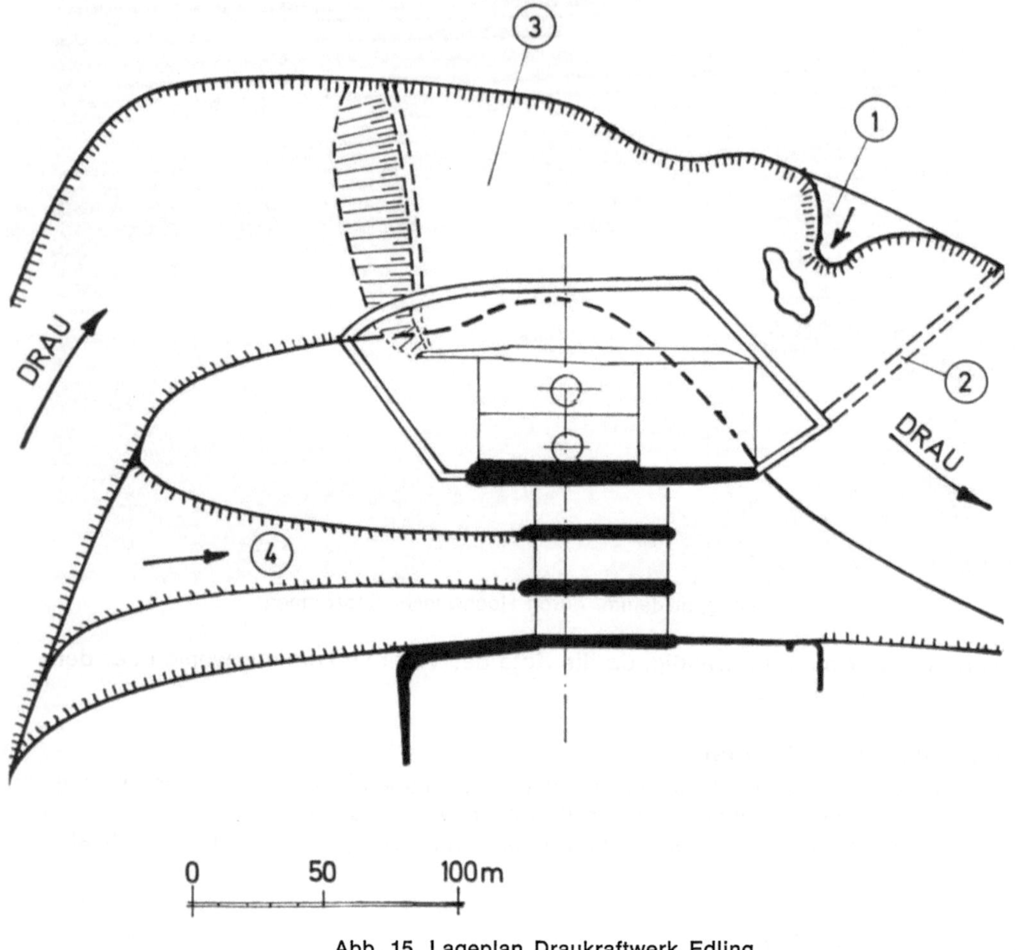

Abb. 15. Lageplan Draukraftwerk Edling

1 Absperrdamm
2 zukünftiger Fangdamm
3 Verfüllung des alten Draubetts
4 vorgebaggertes Gerinne

Obwohl im mittleren Wehrfeld die Betonierung der Wehrschwelle auf Kote 274,50 zurückgelassen wurde und ein Gerinne von der Breite eines Wehrfeldes mit einer Sohlenhöhe von 368,00 in Richtung Oberwasser ausgebaggert wurde, war es doch notwendig, den Oberwasserspiegel auch bei niederer Drauwasserführung um 2 bis 3 m zu heben, um das hydraulisch notwendige Gefälle zu erreichen.

Zu diesem Zweck errichtete man an der engsten Flußstelle, begünstigt durch einige im Flußbett hervorragende Felsköpfe, den Absperrdamm, der von beiden Seiten mit felsigem Aushubmaterial vorgebaut wurde (Abb. 16).

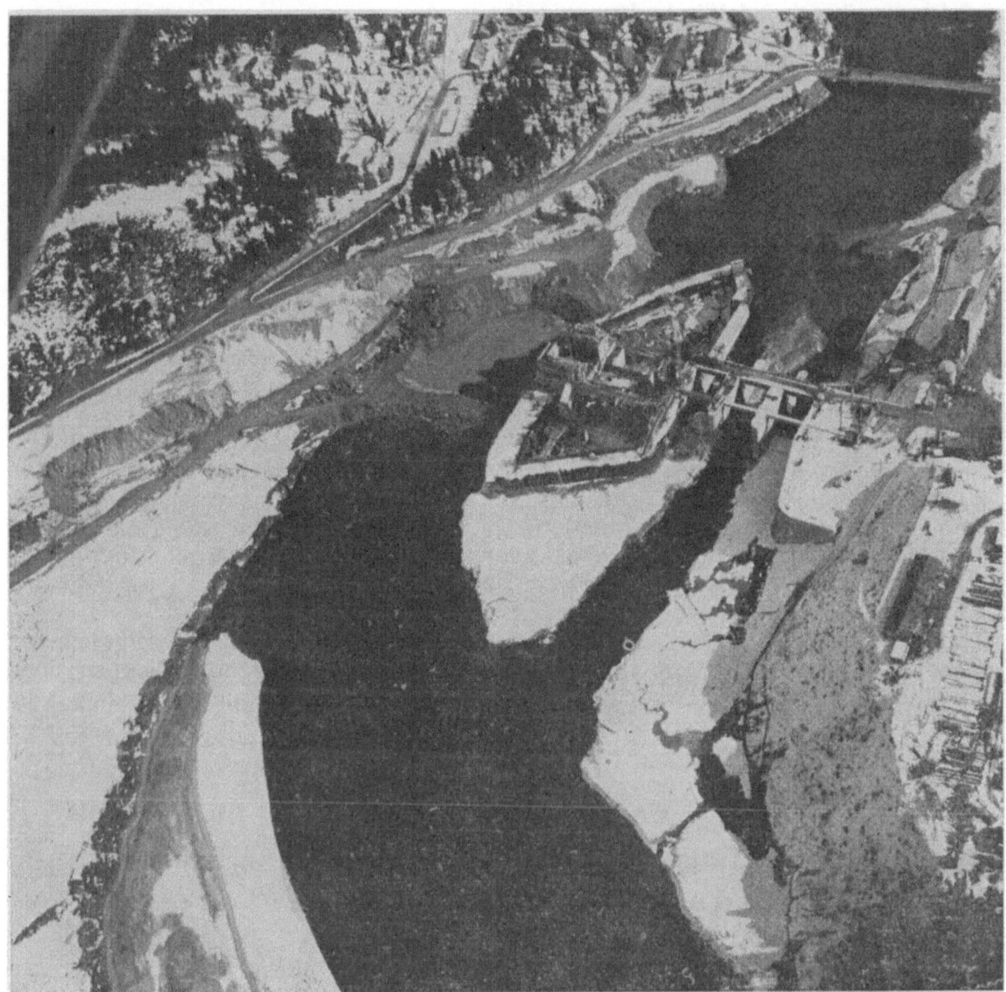

Abb. 16. Luftbild der Baustelle

Diese Vorschüttung des Absperrdammes brachte durch die Verringerung des Abflußquerschnitts bereits einen Aufstau des Oberwasserspiegels von etwa 1 m, der bewirkte, daß von der gesamten Wasserführung der Drau von ca. 160 m³/s etwa 50 m³/s durch das mittlere Wehrfeld abflossen. In der verbleibenden schmalen Rinne zwischen den beiden Teilen des Absperrdammes traten Geschwindigkeiten von 4 bis 6 m/s auf.

Um diese Lücke zu schließen, wurden wieder von beiden Seiten mittels zweier Bagger Felsbrocken und Betonwürfel, die gegen die Wirkung der Schleppkraft des Wassers zum Teil mit alten Stahlseilen aneinandergehängt wurden, im laufenden Einsatz eingebaut, bis die Rinne vollkommen geschlossen war.

Durch den Absperrdamm staute sich der Oberwasserspiegel so hoch an, wie es hydraulisch für den Abfluß durch das Wehr notwendig war.

3.2.2 Draukraftwerk Feistritz-Ludmannsdorf

Mit dem Bau des Draukraftwerkes Feistritz wird die Wasserkraftnutzung der rund 115 km langen Draustrecke zwischen der Stadt Villach und der Staatsgrenze Österreich—Jugoslawien fortgesetzt. Diese Anlage ist die vierte einer siebengliedrigen Kraftwerkskette, die im Endausbau im Regeljahr mehr als 2 Mrd. kWh erzeugen wird.

Das Hauptbauwerk wird in der Nähe des Ortes Feistritz im Rosental, außerhalb des bestehenden Flußbetts am linken Ufer, errichtet.

Nach der Fertigstellung der Wehranlage, die aus 3 Wehrfeldern mit 15 m lichter Weite und einer Höhenkote der Wehrschwelle von 439,50 besteht, war es notwendig, die Drau aus ihrem Bett mit 436,00 m Seehöhe in der Wehrachse durch das fertige Bauwerk umzuleiten, damit der rechtsufrige Abschlußdamm mit einer Kubatur von 1,3 Mill. m³, rund 2,4 km Länge und einer durchschnittlichen Höhe von 16 m an die rechte Wehrwange angeschlossen werden konnte.

Um diese Umleitung zu bewältigen, wurden 2 Möglichkeiten untersucht und hierfür umfangreiche hydraulische Berechnungen angestellt.

Der erste Gedanke war, die Einleitung der Drau in das fertige Wehr durch ein 2 km langes Entlastungsgerinne, das anläßlich eines Hochwassers am linken Ufer gebaggert wurde, um die in Ausführung befindliche böschungsseitige Asphaltdichtung vor Auswaschungen zu sichern, zu bewerkstelligen. Die Sohle dieses Gerinnes lag bedeutend höher als die natürliche Flußsohle und wurde auch mit einem geringeren Gefälle ausgeführt, so daß die Hebung des Wasserspiegels über die feste Wehrschwelle geringer geworden wäre.

Es traten jedoch Bedenken auf, daß das frisch gebaggerte Entlastungsgerinne insbesondere im Bereich der oberwasserseitigen Baugrubenumschließung nicht so dicht sein würde, um das Drauwasser bei einer Spiegeldifferenz von rund 3 m klaglos in

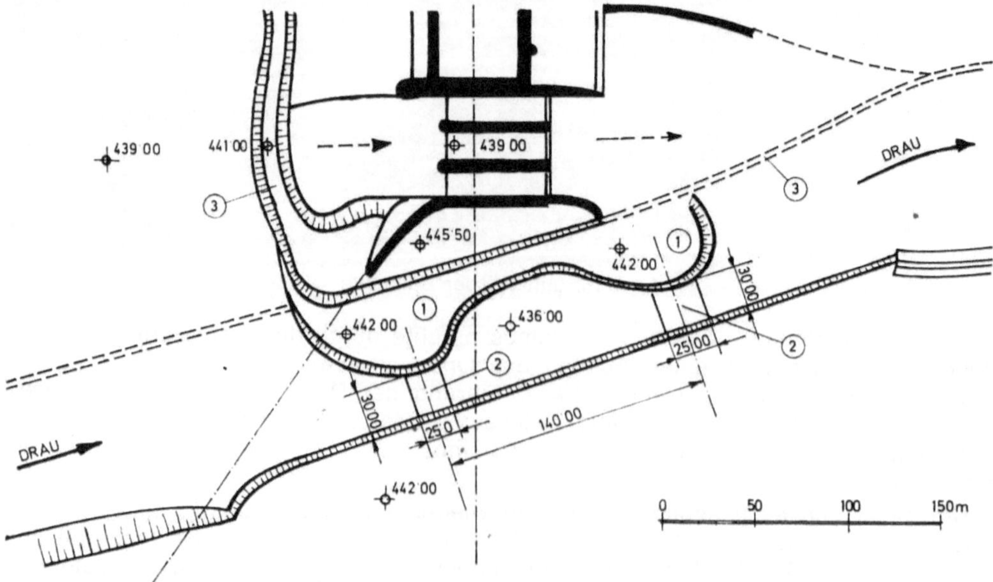

Abb. 17. Draukraftwerk Feistritz, Lageplan zur Drauumleitung

1 Absperrdamm 3 Fangdamm
2 Sohlsicherung

das Wehr abzuführen, ohne daß durch Versickerung das Wasser im alten Flußbett wieder im Unterwasser erscheinen würde. In diesem Fall wäre es daher ebenfalls notwendig gewesen, einen Umleitungs- und Absperrdamm im Bereich der Wehrstelle zu errichten.

Man entschloß sich daher gleich zu der zweiten Möglichkeit, die Abriegelung bzw. Umleitung im Bereich der zukünftigen Dammschüttung vorzunehmen (Abb. 17, 18). Bei der zu erwartenden hohen Spiegeldifferenz — die zukünftige Wasserspiegelhöhe im Bereich des Wehrs bei einer Wasserführung von 100 m³/s betrug 441,40 m, die Spiegellage der ungestörten Drau im gleichen Querschnitt 437,10 m — wählte man zwei Abriegelungsstellen mit einem Abstand von ca. 140,00 m, die ca. 30,00 m in den Fluß vorgetrieben wurden. Durch diese Einengung und den Einbau je einer 3 m hohen Grundschwelle konnte der Wasserspiegel auf Kote 440,80 angehoben

Abb. 18. Luftbild der Abriegelungsstelle vor der Umleitung

werden. Zu diesem Zeitpunkt begann die Entfernung des ober- und unterwasserseitigen Fangdammes vor dem Wehr. Gleichlaufend mit der Abbaggerung des Stützkörpers wurden die Abriegelungsdämme mit Wurfsteinen und einer alten Turmdrehkransäule geschlossen und oberwasserseitig mit Kies verfüllt. Damit war die Umleitung abgeschlossen (Abb. 19).

Die charakteristischen Bauphasen dieser Umleitungen lauten:

1. Teilweise Einengung des alten Drauflußbetts an der Abriegelungsstelle auf 50 m vom linken Ufer aus durch einen Kiesdamm.

2. Einbau einer Sohlsicherung auf ca. 25 m Länge und Befestigung der Uferböschung der Vorschüttung auf eine Länge von ca. 70 m.

Abb. 19. Luftbild der Abriegelungsstelle nach der Umleitung

3. Maximale Einengung der Drau auf 30 m Durchflußbreite vom rechten Ufer aus mittels eines Steindammes und Absicherung der rechten Uferböschungen.

4. Einbau von 2 Sohlschwellen zur Hebung des Wasserspiegels.

5. Öffnung der Fangdämme vor dem neuen Wehr.

Die Umleitungsmaßnahmen wurden für eine Wasserführung der Drau von 100 m³/s dimensioniert, am Tag der Umleitung betrug sie 140 m³/s, die jedoch keine wesentlichen Schwierigkeiten brachten.

Erwähnenswert wären noch die auf der Baustelle erzeugten Betonwürfel mit 50 × 50 × 150 cm Seitenlänge, die mit Drahtseilschlaufen in der Längsrichtung beweglich zu je 2 Stück miteinander verbunden waren.

Diese Steinketten konnten mit Steingreifern vom Bagger gezielt geworfen werden und dienten hauptsächlich zur Sicherung der Flußsohle und der Uferböschungen.

3.3 Bauvorhaben an der Donau

Das wirtschaftlich ausbauwürdige Wasserkraftpotential der österreichischen Donau, von dem derzeit in den angeführten Staustufen ca. 40% ausgenützt werden, beträgt rund 14 Mrd. kWh. Vorgesehen sind 12 Stufen mit einer Ausbauleistung von insgesamt rund 2000 MW, von denen derzeit 4 Werke in Betrieb stehen und eine Stufe im kommenden Jahr die Stromlieferung aufnehmen wird.

Im nachstehenden werden die in Betrieb befindlichen Werke in der Reihenfolge ihrer Errichtung angeführt und hinsichtlich der Umleitungsmethoden beschrieben.

3.3.1 Donaukraftwerk Jochenstein

Zu den schwierigsten Aufgaben, die beim Donaukraftwerk Jochenstein zu lösen waren, gehört zweifellos die Umschließung der Baugrube III. An dieser Stelle, die die bisherige Schiffahrtsrinne darstellte, herrschte bei Wassertiefen bis zu 10,50 m eine Strömungsgeschwindigkeit von mehr als 4 m/s.

Durch die Umschließung der Baugrube III werden etwa 60 bis 70% des bisherigen Durchflußquerschnitts abgedämmt, so daß das gesamte Donauwasser durch die in der Zwischenzeit fertiggestellten Wehrfelder abgeführt werden muß. Es war daher notwendig, vor dem Setzen der Kreiszellen der Baugrubenumschließung spezielle Maßnahmen zu treffen (Abb. 20).

Umfangreiche Modellversuche führten zu der Erkenntnis, daß ein Steindamm von etwa 10.000 bis 15.000 m³ Inhalt quer durch das Flußbett im Bereich der späteren Baugrube III geschüttet werden müßte, um einen entsprechenden Aufstau, in den die oberwasserseitigen Zellen gesetzt werden können, zu erreichen. Der mit dem Schütten des Dammes und seiner Beseitigung verbundene Zeitaufwand wäre terminlich nicht zu vertreten gewesen. Man entschloß sich daher, die Strömungsberuhigung durch Absenken von dachwehrartigen Stahlkonstruktionen durchzuführen. Diese sogenannten Stauschilder wurden auf der Baustelle in der statisch erforderlichen Stärke zusammengeschweißt und mit Hilfe eines Schwimmkrans nacheinander abgesenkt (Abb. 21).

3.3.2 Donaukraftwerk Ybbs-Persenbeug

Der Bauzustand im Herbst des Jahres 1956 machte es möglich, im Jänner 1957 an das Schließen der Baugrube für das Nordkraftwerk zu denken. Zur Errichtung des Nordkraftwerkes und des Wehrfeldes 5 war eine Baugrubenumschließung notwendig, die im Oberwasser aus 11 Zellen, im Unterwasser aus 15 Kreiszellen bestand.

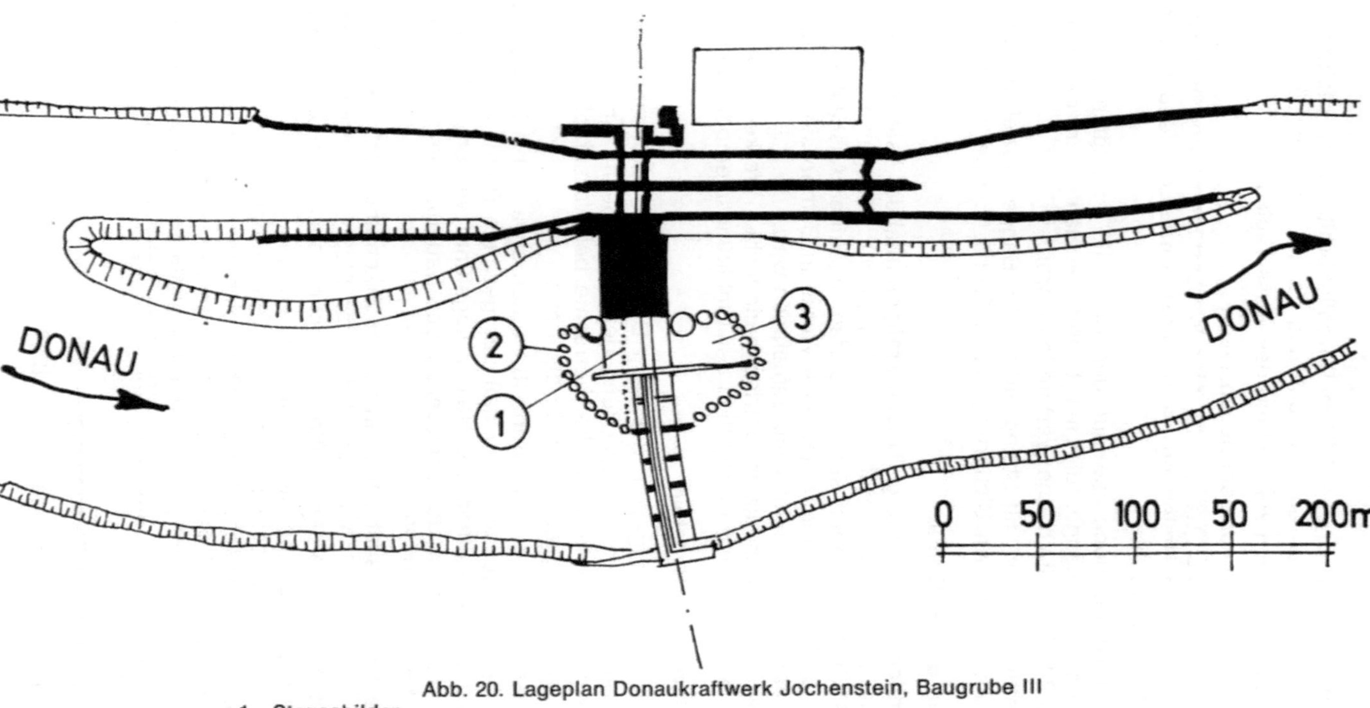

Abb. 20. Lageplan Donaukraftwerk Jochenstein, Baugrube III

1 Stauschilder
2 Zellendamm
3 Baugrube III

Abb. 21. Einsetzen eines Stauschildes

Zu diesem Zeitpunkt standen für den Abfluß der Donau 4 Wehrfelder à 30 m zur Verfügung. Die Kote der festen Wehrschwelle betrug 213,00 m ü. A. Die Südschleuse war bau- und montagemäßig so weit gediehen, daß die Schiffahrt, die bis zu diesem Zeitpunkt die zukünftige Baugrube als Schiffahrtsrinne benützte, umgelegt bzw. durch die Schleuse verlegt werden konnte (Abb. 22).

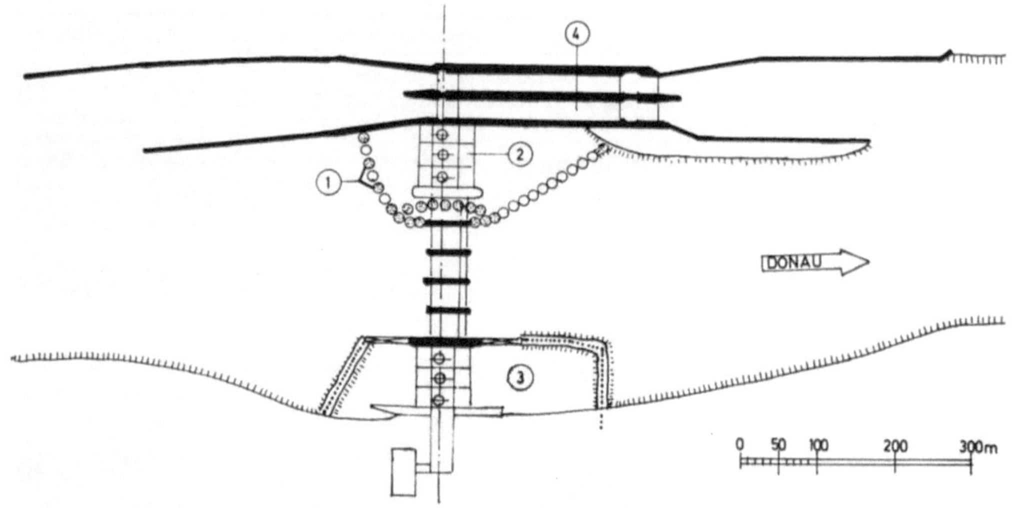

Abb. 22. Lageplan Donaukraftwerk Ybbs-Persenbeug

1 Stauschild
2 Nordkraftwerk
3 Südkraftwerk
4 Südschleuse

Damit trat das Problem der Umleitung der Donau in greifbare Nähe. Da die Umschließung des Nordkraftwerks mittels Kreiszellen von 12,50 m Durchmesser gedacht war und ähnlich wie beim Kraftwerk Jochenstein ein Beruhigungsdamm innerhalb der zukünftigen Baugrube nicht möglich war, mußte die Methode des direkten Schließens angewendet werden, obwohl dies für die vorliegenden Verhältnisse ein sehr kühnes Unternehmen darstellte.

Die Wassertiefen in diesem Stromabschnitt schwankten zwischen 8 und 11,50 m. Der Flußgrund (Felsoberkante) lag im Oberwasser auf Kote 207,50, im Unterwasser der Baugrube auf Kote 204,40. Die darüberliegende Überlagerungsschichte bestand aus Kies der Korngröße 0 bis 300 mm, die jedoch fast vollständig durch den Strom ausgeräumt war. Während des Schließvorgangs, der 21 Tage dauerte, schwankte die Wasserführung der Donau von 1200 bis 2000 m³/s.

Bevor mit den Arbeiten an der Umschließung begonnen wurde, versuchte man an einem Modell im Maßstab 1 : 100 die günstigste Art des Schließvorgangs.

Man entschloß sich, ähnlich einem Nadelwehr die 11 Zellen im Oberwasser alternierend zu versetzen, so daß immer zwischen 2 Kreiszellen eine Lücke von einer Zellenbreite entstand. Die so geschaffenen Standzellen sollten beim Schließen den Staudruck durch eine Hilfskonstruktion übernehmen, der sonst beim Zellenbau allein durch den Kreiszellentisch hätte aufgenommen werden müssen.

Diese Hilfskonstruktion war ein selbstangefertigter Stauschild von ca. 85 t Gewicht, welcher entlang der Standzellen mittels eines Schwimmkrans abgesenkt wurde (Abb. 23).

Der Stauschild besteht aus einem Traggerüst in Form von 4 übereinanderliegenden dachbinderförmigen, miteinander verbundenen Gesperren. Diese Vertikalverbindung besteht aus 5 Kastenbohlen, wobei die 3 Eckverbindungen bewegliche Füße aus Peinerträgern aufnehmen.

Dieses Traggerüst wird nach dem Versetzen durch Flachbohlen von den Rändern zur Mitte gleichmäßig verschlossen.

Die Standzellen sowie auch die Lückenzellen wurden von rechts nach links vorgebaut, um die Stromfäden zu den Wehrfeldern abzudrängen und die letzte Standzelle sowie das Schließen der letzten Lücke im Schutz der oberen Leitmauer ausführen zu können.

Nach Abschluß dieser Arbeiten ergab sich, gemessen an den Zellen zwischen Ober- und Unterwasser, eine Wasserspiegeldifferenz von rund 1,40 m. Die Donau floß ab diesem Zeitpunkt durch die fertiggestellten Wehrfelder. Die Schiffahrt, die in die Südschleuse umgeleitet wurde, bewältigte den Höhenunterschied von 1,40 m durch Schleusung.

Für den weiteren Ausbau der Baugrubenumschließung des Nordkraftwerks bestanden nun keine Schwierigkeiten mehr. Die Zellen konnten im Unterwasser in fast stehendes Wasser nach den schon bei mehreren Baugrubenumschließungen bewährten Methoden versetzt werden.

Eine ähnliche Methode wurde auch zur Schließung der Baugrube II (Inselbaugrube) angewendet, die ebenfalls im Modell erprobt wurde. Die dabei zu überwindenden Kräfte waren wesentlich kleiner als beim vorher erwähnten Umleitungsvorgang, da die Wasserspiegelhebung infolge der festen Wehrschwelle entfiel.

3.3.3 Donaukraftwerk Aschach

Das Donaukraftwerk Aschach, welches im Anschluß an das Werk Ybbs-Persenbeug in Angriff genommen wurde, unterscheidet sich im wesentlichen nur durch den geologischen Aufbau des Baugrunds. Die natürliche Felslage im Bereich des Flußgerinnes war mit einer ca. 4 m starken Kiesschichte überlagert, die den bisher üblichen Zellenbau als Baugrubenumschließung verhinderte. Es kamen bei diesem Bauwerk überwiegend einfache Spundwände mit Stützkörper als Fangdamm zur Anwendung, die eine andere Methode des Schließens der Baugrube bzw. der Umleitung des Gerinnes nach sich zogen.

Nach Fertigstellung der beiden landseitigen Baugruben, in denen am linken Ufer 5 Wehrfelder zu je 24 m und am rechten Ufer eine betriebsbereite Schleusenkammer hergestellt wurden, sollte die Kraftwerksbaugrube in der Strommitte errichtet werden. Um die erforderliche Umleitung zu erleichtern, hatte man die Wehrschwellen auf Höhe des alten Flußgrunds zurückgelassen (Abb. 24).

Die Modellversuche zeigten am zweckmäßigsten, im Oberwasser ca. in der Höhe des Schleusenoberhauptes einen Ablenkungsdamm aus Kies zu errichten, der, gegen den Trennpfeiler zu vorgebaut, die Fließrichtung der Donau in das Wehr umlenken sollte. Seine Spitze, bei der die letzten 50 m aus Wurfsteinen mit ca. 100 kg Stückgewicht bestanden, reichte bis an die wehrseitige Außenkante des Trennpfeilers und war ca. 100 m in der Stromrichtung vom Ansatzpunkt der zukünftigen Spundwand

Abb. 23. Einsetzen des Stauschildes mittels Schwimmkran

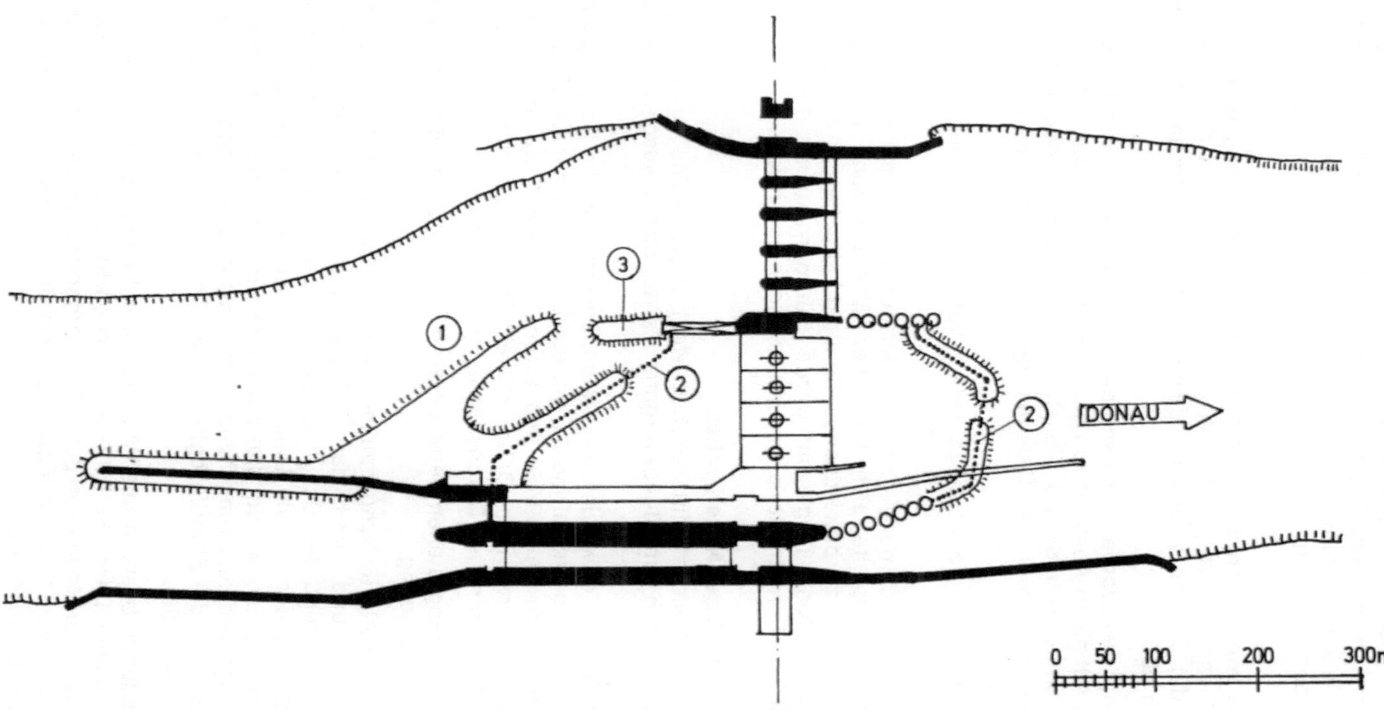

Abb. 24. Lageplan Donaukraftwerk Aschach

1 Ablenkungsdamm
2 zukünftige Spundwand
3 Steindamm

entfernt. Diese Maßnahme wurde deshalb gewählt, da man verhindern wollte, daß Wurfsteine in den Bereich der zukünftigen Spundwandrammung gelangen können.

Im Schutz dieses Umleitungsdammes erfolgte für die oberwasserseitige Umschließung die Schüttung des Stützkörpers aus Kies bis auf ca. 40 m an den Trennpfeiler heran.

Gleichzeitig wurde von der Trennpfeilerspitze aus in Flußrichtung gegen den Umleitungsdamm ein Steindamm vorgeschüttet. Die Schlußphase mit dem größten Gefällsunterschied in der kleinsten Öffnung spielte sich beim Zusammentreffen der beiden Dammspitzen ab.

Parallel zu diesem Arbeitsvorgang begann man im Unterwasser von beiden Seiten aus, Kiesdämme bis auf einen Abstand von ca. 40 m zu schütten, die später als Stützkörper für die zukünftige Spundwand dienen sollten. Der sich innerhalb der Baugrube bildende Aufstau half viel zum Gelingen des Schließvorgangs im Bereich des Umleitungsdammes mit.

Die maximale Steingröße, die beim Schließen verwendet werden mußte, betrug 2,5 bis 3,0 t.

Der Schließvorgang, der sich nach Verlegung der Schiffahrt in die Schleusenanlage in 10 Tagen abwickelte, spielte sich bei einer Wasserführung der Donau von ca. 600 m³/s ab. Die dabei zu bewältigende Schüttkubatur betrug 31.000 m³ Steinmaterial und 165.000 m³ Kies. Insgesamt wurden für den Aufbau der Baugrubenumschließung 350.000 m³ Schüttmaterial in rund 1,5 Monaten bewegt.

3.3.4 Donaukraftwerk Wallsee—Mitterkirchen

Das Donaukraftwerk Wallsee—Mitterkirchen stellt durch seine Anordnung ganz andere Bedingungen an den Umleitungsvorgang als die bisher ausgeführten Donaukraftwerke.

Beim Bau dieses Kraftwerks werden das Hauptbauwerk und die Donau gegenüber der Ortschaft Wallsee in die linksufrige Au verlegt und dabei der bestehende Flußbogen zwischen den Strom-km 2097,30 und Strom-km 2093,55 in einer Länge von 3750 m in einen Totarm verwandelt. Dabei soll ein Damm im Strom-km 2097,30 die Donau abriegeln und in den neuen Durchstich leiten (Abb. 25).

Während dieser Umlegung stehen bereits 4 Wehrfelder à 24 m und eine Schleuse für die Schiffahrt zur Verfügung.

Beim Vorschütten des Abriegelungsdammes wird der Durchfluß durch den zukünftigen Altarm gedrosselt und durch den Aufstau oberhalb der Abriegelungsstelle immer mehr Wasser während des Schüttvorgangs in den neuen Durchstich geleitet.

Der Ablenkungsdamm, der für die Umleitung der Stromfäden der Donau in das neue Gerinne notwendig ist, wurde diesmal gleich in die Achse des zukünftigen Begleitdammes verlegt und aus rammfähigem Kiesmaterial so lange vorgeschüttet, bis erkennbar wurde, daß die Standfestigkeit dieses Dammes durch die Schleppkraft gefährdet erscheint (Abb. 26).

Der Abriegelungsdamm bestand aus Wurfsteinen mit einem Einzelgewicht von 500 bis 1000 kg. In der unmittelbaren Schlußphase mußten Steine mit einem Gewicht von 2,5 t geworfen werden. Zur Beschleunigung des Vorgangs standen zwei Betonblöcke mit einem Gewicht von je 30 t zur Verfügung, die ein Schwimmkran im letzten Augenblick in die Dammlücke versenkte.

72

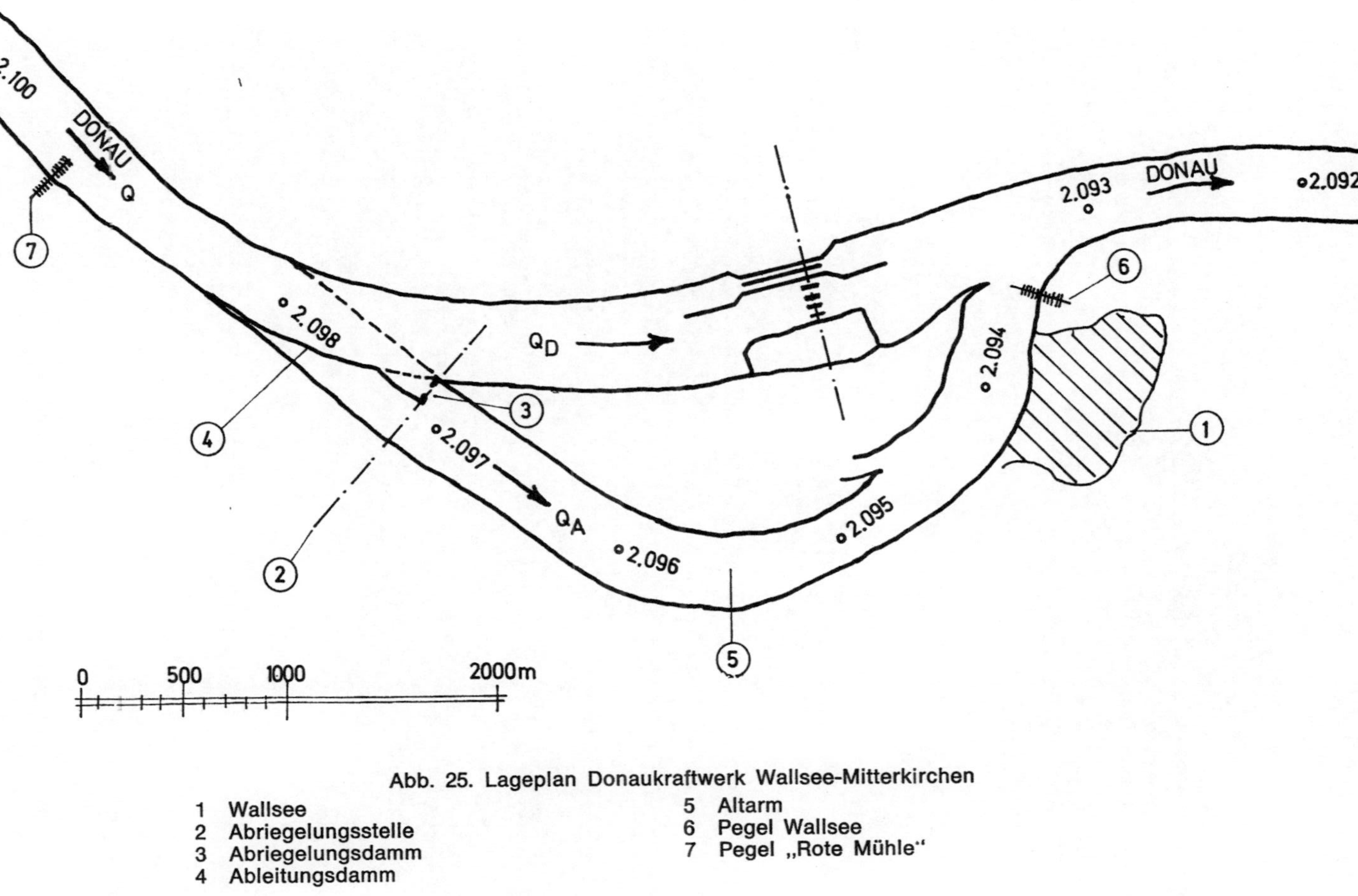

Abb. 25. Lageplan Donaukraftwerk Wallsee-Mitterkirchen

1 Wallsee
2 Abriegelungsstelle
3 Abriegelungsdamm
4 Ableitungsdamm
5 Altarm
6 Pegel Wallsee
7 Pegel „Rote Mühle"

Abb. 26. Luftbild der Abriegelungsstelle, freigegeben durch BMfLV, Zl. 17974-R-Abt. B/67

3.3.5 Donaukraftwerk Ottensheim—Wilhering

Diese Staustufe lehnt sich in ihrer Anlage und dem geologischen Aufbau des Flußgrundes fast vollkommen an das vorangegangene Kraftwerk Wallsee—Mitterkirchen an und ist noch im Bau.

Der einzige Unterschied zwischen den beiden Anlagen liegt darin, daß das Hauptbauwerk diesmal in die rechtsufrige Au verlegt wurde. Somit entsteht im bestehenden Flußbogen im Bereich der Ortschaft Ottensheim wieder ein Totarm von 2400 m Länge. Der Abriegelungsdamm liegt wieder hinter dem Umleitungsdamm und befindet sich bei Strom-km 2147,50 (Abb. 27).

Diesmal stehen 5 Wehrfelder mit 24 m lichter Weite und einer Schwellenhöhe auf Kote 252,00 bei einer mittleren Flußsohlenhöhe an der Abriegelungsstelle mit Kote 251,00 zur Abfuhr des Donauwassers zur Verfügung. Die Schiffahrt wird zu diesem Zeitpunkt bereits eine Schleusenkammer benützen können, so daß der entstehende Höhenunterschied leicht überwunden werden kann.

Der Ablenkungsdamm liegt wieder im Bereich des zukünftigen Begleitdammes und besteht ausschließlich aus rammfähigem Kies.

Der Abriegelungsdamm quer zum Totarm wird wieder aus Wurfsteinen gleicher Größe wie in Wallsee geschüttet. Die notwendige Steinmenge wird an beiden Ufern vorgelagert, um in der Schlußphase genügend Material zur Hand zu haben. Die Durchführung dieser Arbeiten ist für November 1972, d. h. für die Zeit abnehmenden Wasserstands, geplant. Es kann daher über den Erfolg bzw. die Besonderheiten hier noch nicht berichtet werden.

Die hier angeführten Beispiele von Umleitungsmethoden für den Bau von Stauwerken in Flüssen zeigen, daß durch die Vielfältigkeit der Natur jede gestellte Aufgabe eigens zu behandeln ist, jedoch bei sorgfältiger Vorplanung jedes Problem gemeistert werden kann.

Für die dem Verfasser zur Verfügung gestellten Unterlagen sowie die tatkräftige Mithilfe seitens der Österreichischen Draukraftwerke AG, der Ennskraftwerke AG und der Österreichischen Donaukraftwerke AG sei an dieser Stelle bestens gedankt.

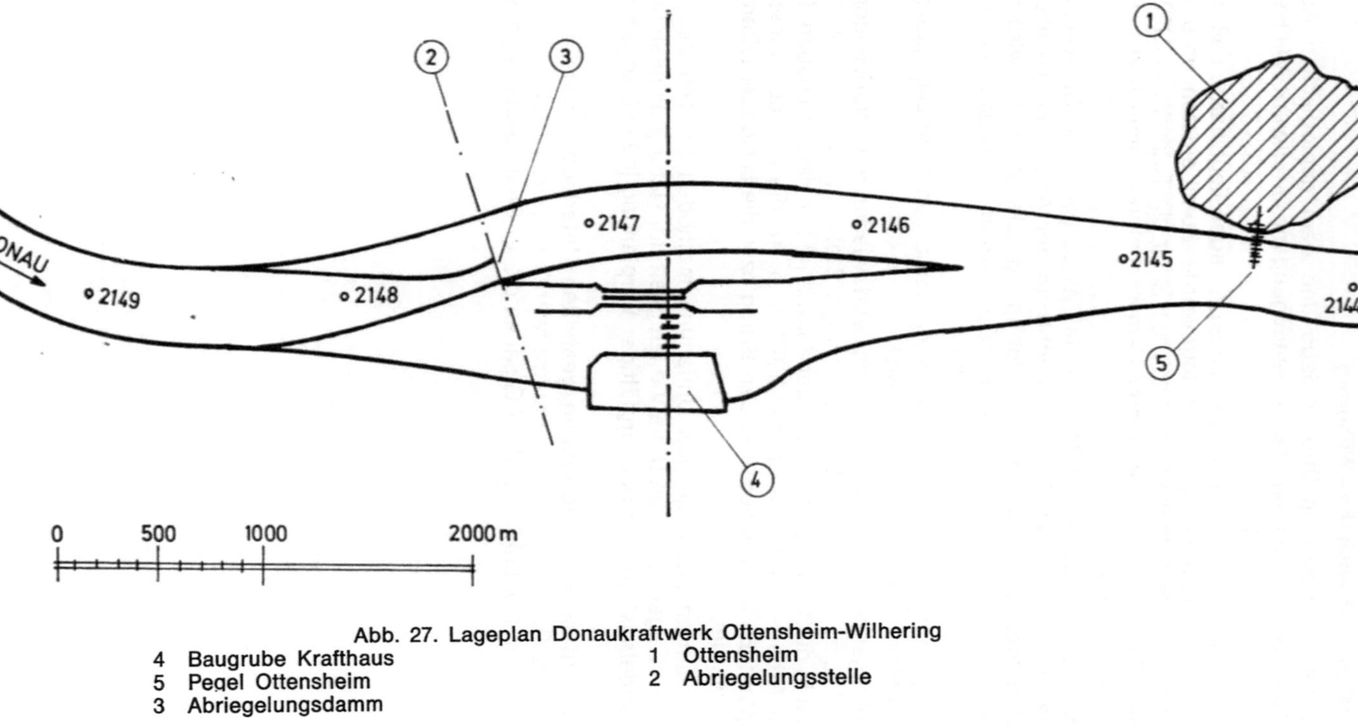

Abb. 27. Lageplan Donaukraftwerk Ottensheim-Wilhering

4 Baugrube Krafthaus
5 Pegel Ottensheim
3 Abriegelungsdamm

1 Ottensheim
2 Abriegelungsstelle

Literatur

Fenz R.: Planung und Baudurchführung der Arbeiten beim Hauptbauwerk Aschach. Österr. Zeitschr. f. Elektrizitätswirtschaft, 15. Jg., 1962, H. 5.

Fuhse F.: Das Projekt Jochenstein und seine Ausführung. Österr. Wasserwirtschaft, 8. Jg., H. 5 u. 6.

Gogela F.: Vom Bau des Donaukraftwerks Jochenstein. Österr. Bauzeitschrift, 11. Jg., 1956, H. 5/6.

Heschl W.: Umschließung der Baugruben und Umleitung der Drau im Bereich des Kraftwerks Edling. Österr. Zeitschr. f. Elektrizitätswirtschaft, 16. Jg., 1963, H. 1.

Heschl W.: Die Baugrubenumschließung des Hauptbauwerks Feistritz—Ludmannsdorf. Österr. Zeitschr. f. Elektrizitätswirtschaft, 21. Jg., 1968, H. 10.

Knopf F.: Baustelleneinrichtung und Maschineneinsatz auf der Großbaustelle Jochenstein. Baumaschinen und Bautechnik, 2. Jg., 1955, H. 9.

Kratochwilla J.: Versuche mit Kastenfangdämmen. Der Bauingenieur, 40. Jg., 1965, H. 11.

Kurzmann E.: Erfahrungen mit Baugrubenumschließungen beim Bau der Ennskraftwerke. Baumaschinen und Bautechnik, 2. Jg., 1955, H. 1.

Kurzmann E.: Über die Berechnung des Abflußvermögens von Fangdämmen. Österr. Wasserwirtschaft, 5. Jg., 1953, H. 2 u. 3.

Magnet E.: Das Draukraftwerk Feistritz-Ludmannsdorf der Österreichischen Draukraftwerke AG. Der Bauingenieur, 43. Jg., 1968, H. 10.

Magnet E.: Die Projektierung des Draukraftwerks Edling. Österr. Zeitschr. f. Elektrizitätswirtschaft, 16. Jg., 1963, H. 1.

Sandover J. A.: Hydraulische Standfestigkeit von lose gekippten Dämmen. Water Power VIII/1966.

Toussaint E.: Die Donaukraftwerke Ybbs-Persenbeug und Aschach. Mayreder-Zeitschr., 5. Jg., 1960, H. 9.

Wagner R.: Die Baudurchführung vom Donaukraftwerk Wallsee-Mitterkirchen. Österr. Zeitschr. f. Elektrizitätswirtschaft, 22. Jg., 1969, H. 4.

2.3 Hochdruckverschlüsse
(Bericht R 42)
Dir. Dipl.-Ing. A. Liebl

1. Einleitung

Hochdruckverschlüsse werden zur Hochwasserentlastung von Stau- bzw. Wasserkraftanlagen verwendet. Von ihrer schwingungs- und kavitationsfreien Arbeitsweise hängt oft der Bestand des gesamten Bauwerks ab. Die Bedeutung dieser Verschlüsse wird eindrucksvoll durch die vielen Bauwerksschäden und auch Katastrophenfälle demonstriert, die durch das Auftreten von Kavitationsschäden und Schwingung im Bereich der Grundablaßverschlüsse und der anschließenden Stollenpanzerungen entstanden sind. Die einwandfreie und betriebssichere Konstruktion dieser Verschlüsse ist deshalb von höchster Bedeutung. Die Gewährleistung eines kavitations- und schwingungsfreien Betriebs solcher Anlagen gehört noch heute zu den oft ungelösten Problemen des Wasserbaus. Die Aufgabe dieser Abhandlung ist es, auf Grund der Erfahrungen mit einer Reihe von ausgeführten Hochdruckverschlüssen jene Entwurfskriterien festzulegen, die einen möglichst sicheren Betrieb von Grundablaßverschlüssen gewährleisten.

Es sollen zuerst verschiedene ausgeführte Hochdruckverschlüsse näher beschrieben und erörtert und anschließend dann die Entwurfskriterien für einwandfrei arbeitende Hochdruckverschlüsse zusammengestellt werden.

2. Die Grundablaßverschlüsse des Durlaßboden

Als Hochwasserentlastungseinrichtung für den Speicher sind ein halbkreisförmiger Hochwasserüberfall sowie zwei voneinander getrennte Grundablaßeinläufe I und II vorgesehen. Beide Grundablaßstollen münden vor den Grundablaßverschlüssen in einen gemeinsamen Stollen mit 3,50 m Durchmesser und einer Gesamtlänge von 952 m. Die Schieber (Abb. 1) mit den beiden hintereinanderliegenden Verschlußorganen befindet sich 530 m vom Einlauf des Grundablasses I entfernt. Der Hochwasserüberfall mündet auf der Unterwasserseite der Grundablaßverschlüsse in den Grundablaßstollen. Die Grundablaßverschlüsse mit den Abmessungen 2,30 × 2,30 m stehen unter einer maximalen Druckhöhe von 57 m Wassersäule und erhalten bei Vollstau eine maximale Belastung von 330 t. Die Betätigung der Verschlüsse erfolgt durch hydraulische Hubzylinder mit einer maximalen Hubkraft von je 200 t.

Um über das hydraulische Verhalten der Grundablässe im Betrieb einen Überblick zu bekommen, wurden Modellversuche im Maßstab 1 : 10 durchgeführt. Die Versuche wurden sowohl nach der Froudeschen Ähnlichkeit als auch kavitationsähnlich durchgeführt. Die Froudesche Ähnlichkeit wird dann eingehalten, wenn sich die Fallhöhe im Modell und in der Anlage so verhalten wie die Längen. Die Bedingung für die Kavitationsähnlichkeit kann so formuliert werden: Wenn an einer Stelle des Bauwerks in der Natur der Dampfdruck erreicht wird, so muß an der entsprechenden Stelle des Modells ebenfalls der Dampfdruck erreicht werden.

In den Modellversuchen wurden das Strömungsbild im Stollen, eventuelle Kavitationserscheinungen in Abhängigkeit von der Verschlußstellung und dem Gegendruck auf die Unterwasserseite des Verschlusses, das Verhalten der Strömung im Stollen bei abgesenktem Stauziel sowie die Durchflußwassermenge untersucht.

Die Wasserabfuhr durch die Grundablaßverschlüsse ist für 45 m³/s ausgelegt, doch können im Katastrophenfall 130 m³/s abgeführt werden. Die Belüftung erfolgt durch

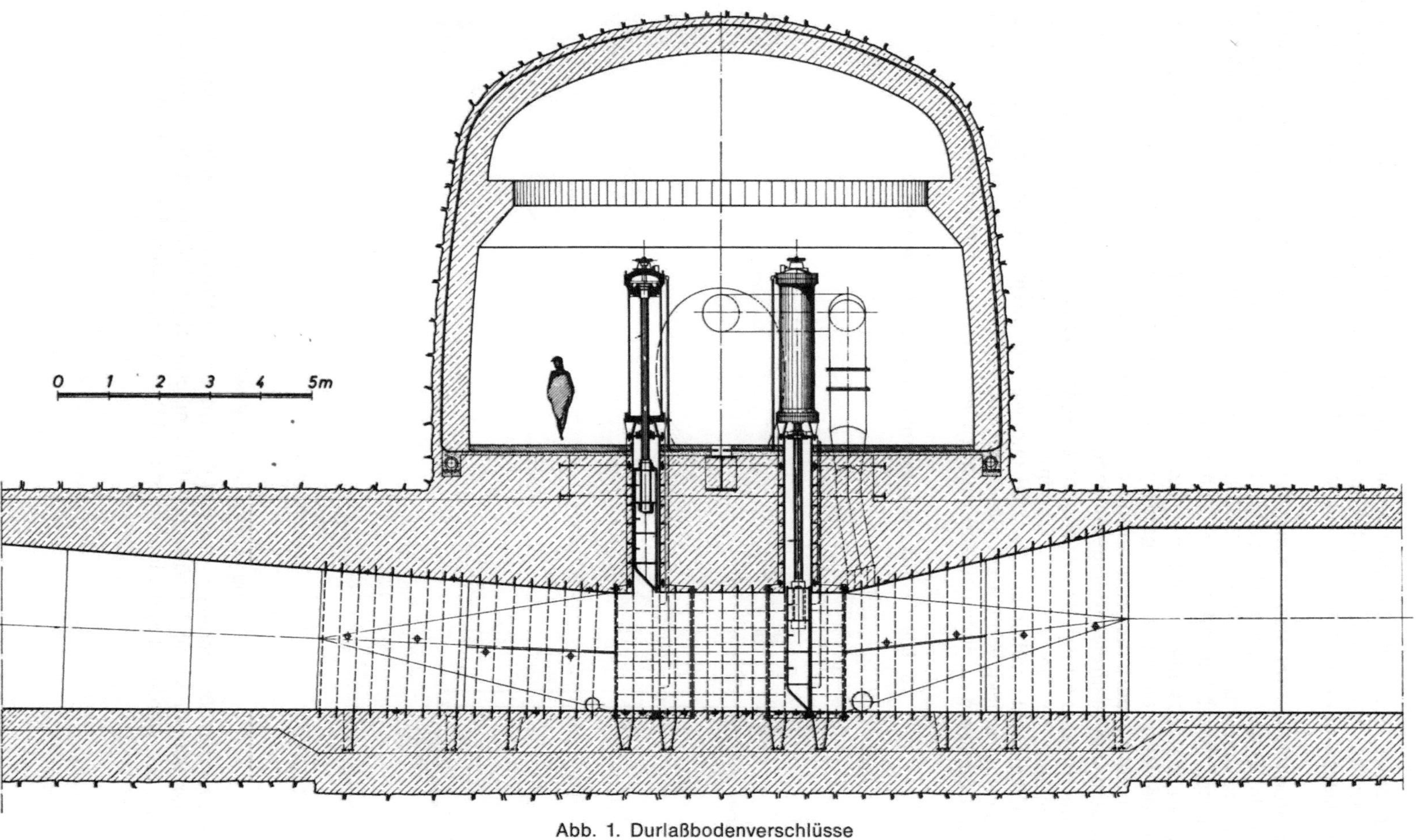

Abb. 1. Durlaßbodenverschlüsse

ein stählernes Rohr mit 700 mm Durchmesser, welches über den Stauspiegel hoch-
geführt wurde. In die Belüftung ist eine von der Schieberkammer aus zu betätigende
Drosselklappe eingebaut, mit welcher die Luftzufuhr im Grundablaß geregelt werden
kann.

Die Möglichkeit der Regulierung der Luftzufuhr hat sich während der Inbetriebnahme der Grundablaßverschlüsse als sehr zweckmäßig erwiesen, da es sich zeigte,
daß bei teilweise geschlossener Belüftung die Wasserabfuhr durch die Grundablaßverschlüsse wesentlich ruhiger vor sich ging.

Die Grundablaßschieber sind in vollkommen geschweißter Konstruktion hergestellt,
die vor der Bearbeitung spannungsfrei geglüht wurden. Eine von der Schieberkammer
aus zu betätigende Druckschmierung sorgt für ein gutes Gleiten zwischen Bronzegleitleisten und rostfreier Auflagerschiene.

Die bei Vollstau erfolgte Inbetriebnahme zeigte, daß es zweckmäßig ist, den Grundablaßschieber nur bei ca. 25 % geöffneter Belüftungsklappe zu betätigen, da bei
dieser Öffnung die früher bei Teilstau und voll geöffneter Belüftungsklappe aufgetretenen Unterdrücke von 0,9 atü, die periodischen Schwingungen mit einer Frequenz
von ca. 0,33 sowie Kavitationserscheinungen vermieden werden konnten.

3. Die Grundablaßverschlüsse des KW Feistritz

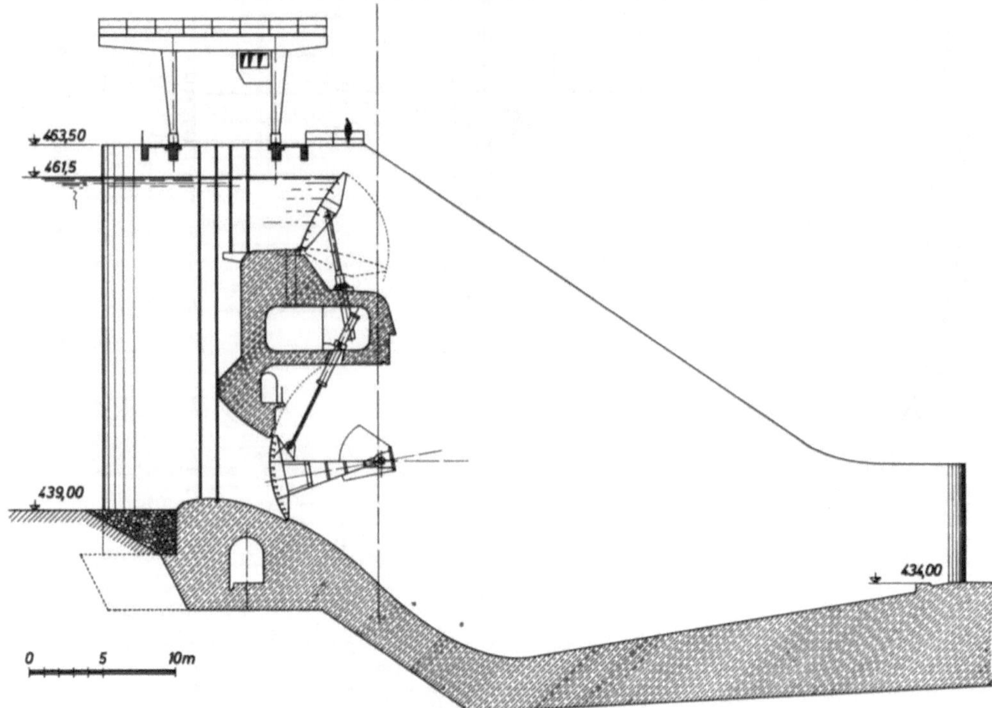

Abb. 2. Wehranlage Feistritz. Schnitt

Die Grundablaßverschlüsse des KW Feistritz an der Drau sind Segmentverschlüsse
mit einer lichten Verschlußhöhe von 5,60 m und einer lichten Verschlußweite von
15,00 m. Sie werden durch einen in der Mitte der Grundablaßöffnung angreifenden

Hubzylinder betätigt. Der Hubzylinder hat im normalen Betriebsfall eine Hubkraft von 68 t. Der Schließdruck des Grundablaßverschlusses beträgt 1 t/m. Das Eigengewicht des Verschlusses beträgt 45 t.

Bei der Inbetriebnahme unter Vollstau traten am Grundablaßverschluß außerordentlich starke Schwingungen auf, die ihre Ursache in der Ausbildung der Sohlschwelle hatten. Die aufgetretenen Schwingungen erstreckten sich auf das gesamte Bauwerk. In Abb. 3 ist die ursprüngliche Form der Sohlschwelle dargestellt.

Die gleiche Ausbildung der Sohlschwelle wurde auch bei den Klappensegmentverschlüssen des KW Edling ausgeführt, welche jedoch eine lichte Weite von 15 m und eine Verschlußhöhe einschließlich Klappenwehr von 17 m besitzt. Hier traten infolge der Sohlschwellenausbildung (Abb. 3) keinerlei Schwingungen auf, da das Eigengewicht des Verschlusses wesentlich größer war und das Aufkommen von Schwingungen verhinderte.

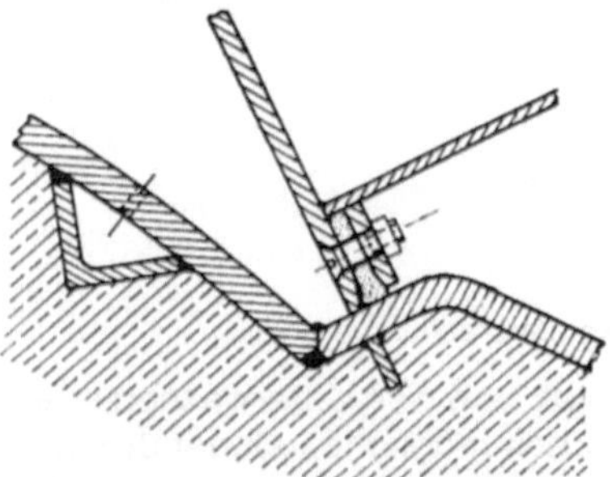

Abb. 3. Wehranlage Feistritz. Ursprüngliche Form der Sohlschwelle

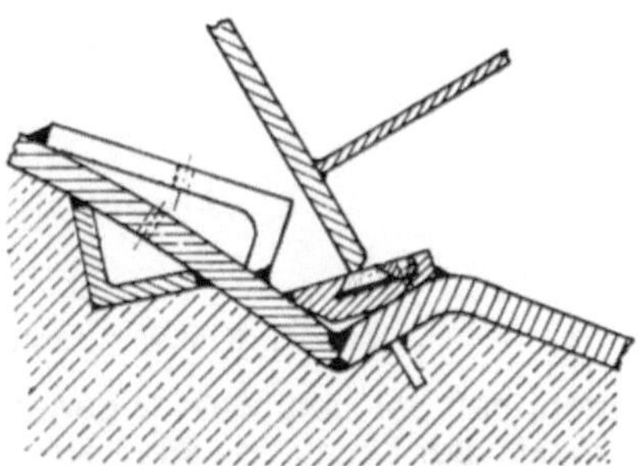

Abb. 4. Wehranlage Feistritz. Geänderte Form der Sohlschwelle

Die Schwingungen des Segmentverschlusses KW Feistritz konnten durch eine Änderung der Sohlschwellenausbildung und der Sohlschwellendichtung verhindert werden (Abb. 4). Ferner wurde durch ein festes Anziehen der Seitendichtungen eine bessere Dämpfung des zum Schwingen neigenden Verschlusses erreicht.

Die gleiche Sohlschwellenausbildung bei den Verschlüssen der KW Edling und Feistritz gab also keine Sicherheit, daß in beiden Fällen die Verschlüsse schwingungsfrei funktionieren.

Nach Durchführung der vorbeschriebenen Maßnahmen konnte ein einwandfreier, schwingungsfreier Betrieb erreicht werden, wobei Vorsorge getroffen wurde, daß der schwingungsgefährliche Spalt in der Größe von 20 mm beim Anheben und Senken des Segmentverschlusses automatisch durchfahren wird.

4. Die Grundablaßverschlüsse des KW Kaunertal

Für die Hochwasserentlastung des Kaunertalkraftwerks wurde ein freistehender Schachtüberlauf mit 14,0 m Durchmesser und im Grundablaßstollen wurden 2 hintereinanderliegende Grundablaßverschlüsse eingebaut (Abb. 5). Diese Verschlüsse haben eine lichte Verschlußweite von 1,00 m und eine lichte Verschlußhöhe von 1,50 m und stehen unter einer maximalen Druckhöhe von 145 m. Es ist vorgesehen, daß der Grundablaßverschluß entweder allein oder in Kombination mit dem Hochwasserüberlauf im Speicherbecken zur Wasserabfuhr herangezogen wird. Da der Grundablaßstollen des Schachtüberlaufs auf der Unterwasserseite des Grundablaßverschlusses in den gemeinsamen Auslaufstollen einmündet, muß damit gerechnet

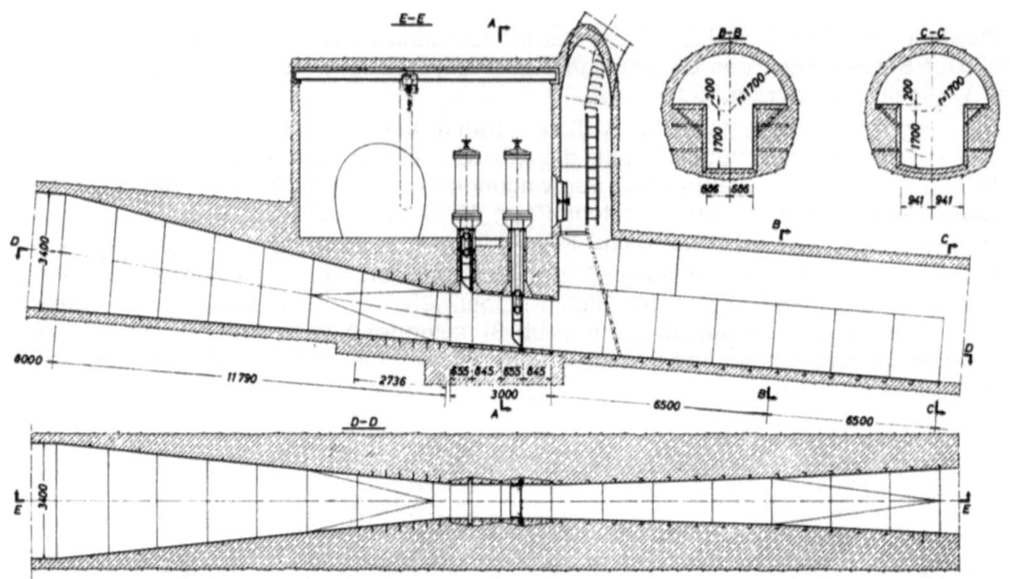

Abb. 5. Kraftwerksanlage Kaunertal. Grundablaßverschlüsse

werden, daß bei Hochwasser gegen das Grundablaßschütz von der Unterwasserseite
ein maximaler Druck von 85 m ausgeübt wird. Die Größe des möglichen Gegendrucks
wurde auf Grund eines Modellversuchs ermittelt. Der variable Gegendruck wurde
in Abhängigkeit von der Durchflußwassermenge im Grundablaßstollen und der Durchflußwassermenge im Hochwasserentlastungsstollen dargestellt.

Es sind ein Betriebs- und ein Reserveschieber als Gleitschützen vorgesehen. Die
Belastung der Schieber in geschlossener Stellung beträgt 240 t.

Um Kavitationsschäden im Bereich der Führungsschienen zu vermeiden, wurden dieselben so klein wie möglich gehalten. Im vorliegenden Fall beträgt die im Bereich
der Strömung liegende Nischenbreite nur 65 mm. Die Gleitleisten des Verschlusses
bestehen aus einer Bronzelegierung, die auf rostfreien Auflagerschienen gleiten. Es
ist eine von der Schieberkaverne aus zu betätigende Druckschmierung vorgesehen,
die ein gutes Gleiten zwischen Bronzeleiste und rostfreien Auflagerschienen gewährleistet.

Die Betätigung der Grundablaßverschlüsse erfolgt durch hydraulische Hubzylinder
mit einer maximalen Hubkraft von 190 t. Betriebs- und Reserveschieber besitzen
voneinander unabhängige hydraulische Steuerungen, die jedoch im Bedarfsfall kom-
biniert werden können. Die Belüftung der Grundablässe erfolgt durch eine Belüftungsleitung von 1,50 m Durchmesser und einer Länge von 145 m.

Um einen Einblick in das hydraulische Verhalten der Grundablaßschützen sowie
der Stollenpanzerung vor und hinter den Verschlüssen zu bekommen, wurden
umfangreiche Modellversuche sowohl nach der Froudeschen Ähnlichkeit als auch
kavitationsähnlich mit folgendem Programm durchgeführt:

a) Untersuchung über die hydraulisch gängigste Form des Übergangs vom Recht-
eckquerschnitt des Schiebers zum Maulprofil des Grundablasses

b) Ermittlung der Durchflußwassermenge im Freispiegelbetrieb bzw. Gegendruck-
gebiet

c) Bestimmung der auf den Schieber wirkenden hydraulischen Kräfte sowie Durchführung von Druckmessungen im Schiebergehäuse und den Verbindungsstollen zwischen Reserveschieber und Betriebsschieber

d) Messung der Luftaufnahme im Belüftungsstollen

e) Abgrenzung der im Betrieb zu erwartenden Kavitationsbereiche

Um einen Vergleich zwischen den Untersuchungsergebnissen im Modell und der Ausführung in der Natur zu erhalten, wurden Vorkehrungen am Betriebs- und Reserveschieber sowie am Schützengehäuse und in der Belüftungsleitung getroffen, um die tatsächlich auftretenden Drücke, den Luftbedarf unter den verschiedenen Betriebsbedingungen sowie das Auftreten von Kavitation am Prototyp bestimmen zu können.

Nachstehend sollen die wesentlichen Ergebnisse der sehr umfangreichen Modellversuche gebracht werden.

Für den Übergang der rechteckigen Grundablaßpanzerung im Bereich der Schieber zum Maulprofil-Grundablaßstollen waren zwei Vorschläge vorhanden, die im Modell näher untersucht wurden. Vorschlag I sah eine plötzliche Erweiterung der rechteckigen Stollenpanzerung 1,00 $\times$ 1,50 m in ein Maulprofil von 2,00 m Breite vor, welches dann nach einer Übergangslänge von 6,50 m in das endgültige Maulprofil von 3,40 m Breite übergeht (Abb. 6).

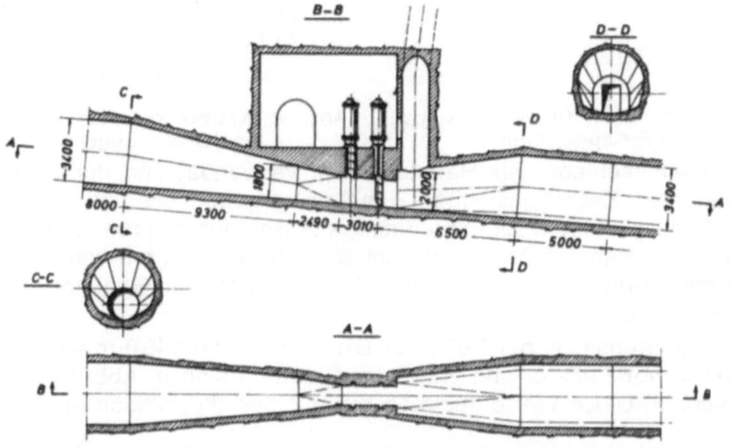

Abb. 6. Kraftwerksanlage Kaunertal. Grundablaß, Variante I

Vorschlag II sieht im Anschluß an die rechteckige Grundablaßpanzerung einen sich in ihrem unteren Teil allmählich erweiternden Übergang vor (Abb. 5). Vergleicht man den Strömungsablauf in den untersuchten Stollenformen, so erscheint die Stollenform II günstiger. Der mit einer Geschwindigkeit von ca. 54 m/s austretende Wasserstrahl wird durch die beiden Seitenwände gut geführt. Der Übergang zum Maulprofil erfolgt ohne Störung. Es wurde deshalb die in Abb. 5 gezeigte Stollenform II zur Ausführung gewählt.

Die im Modellversuch ermittelten Durchflußwassermengen sind in Abb. 7 für den Freispiegelbetrieb dargestellt. Der maximale Durchflußbeiwert beträgt 0,946. Die Wassermengenkurve des Betriebsschiebers gilt auch unverändert für den Reserveschieber. Im Gegendruckbetrieb ergab der Modellversuch bei voll geöffnetem Reserveschieber die in Abb. 8 als Funktion des Gegendrucks HB für verschiedene Schieberstellungen angegebene Wassermenge. Im Diagramm sind 4 verschiedene Betriebsbereiche angegeben. Der Kavitationsbereich wurde festgelegt und muß im Betrieb vermieden bzw. durchfahren werden.

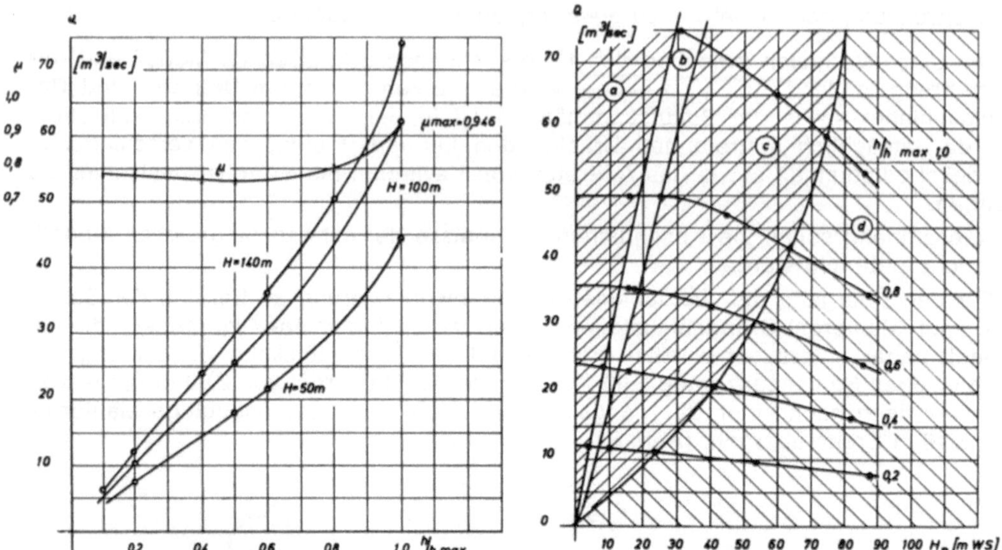

Abb. 7. Kraftwerksanlage Kaunertal. Modelltest für den Freispiegelbetrieb

Abb. 8. Kraftwerksanlage Kaunertal. Modelltest für den Gegendruckbetrieb

Wird der Reserveschieber als Hauptschieber verwendet und der Betriebsschieber in einer konstanten Zwischenstellung gehalten, ergeben sich im Freispiegelbetrieb die in Abb. 9 dargestellten Durchflußmengen. Bei bestimmten Schieberstellungen treten hier Kavitationsbereiche auf, die im Betrieb durchfahren werden müssen. Die Durchflußmengenkurven sowie die Kavitationsbereiche bei Gegendruckbetrieb sind in Abb. 10 angegeben.

Die auf den Betriebsschieber bei einer Druckhöhe von 140,0 m wirkenden hydraulischen Kräfte in horizontaler und vertikaler Richtung sind in Abb. 11 im Freispiegelbetrieb dargestellt. Diese Werte stimmen gut mit den theoretisch ermittelten Kräften überein.

Am Modell des Schützengehäuses wurden 12 Meßbohrungen vorgesehen, um einen Überblick über die bei teilweise oder ganz durchströmtem Grundablaß auftretenden Drücke zu bekommen. Dieselben Meßpunkte wurden auch am Schützengehäuse in der Natur angeordnet. Über die angeschlossenen Meßleitungen konnten die verschiedenen Drücke in der Schieberkammer im Betrieb abgelesen werden.

Eine gute Übereinstimmung zwischen dem in der Natur und im Modell gemessenen Druck konnte bei allen Meßpunkten festgestellt werden.

Die Luftaufnahme in allen Betriebsbereichen während der Inbetriebnahme des Schiebers wurde durch Messung der Windgeschwindigkeit am Eingang des Belüftungsstollens bestimmt und ist in Abb. 12 in Abhängigkeit von der Schieberöffnung dargestellt. Die Luftaufnahme im Modell wurde ebenfalls im Diagramm dargestellt. Es zeigten sich sehr starke Abweichungen von dem tatsächlich gemessenen Luft-

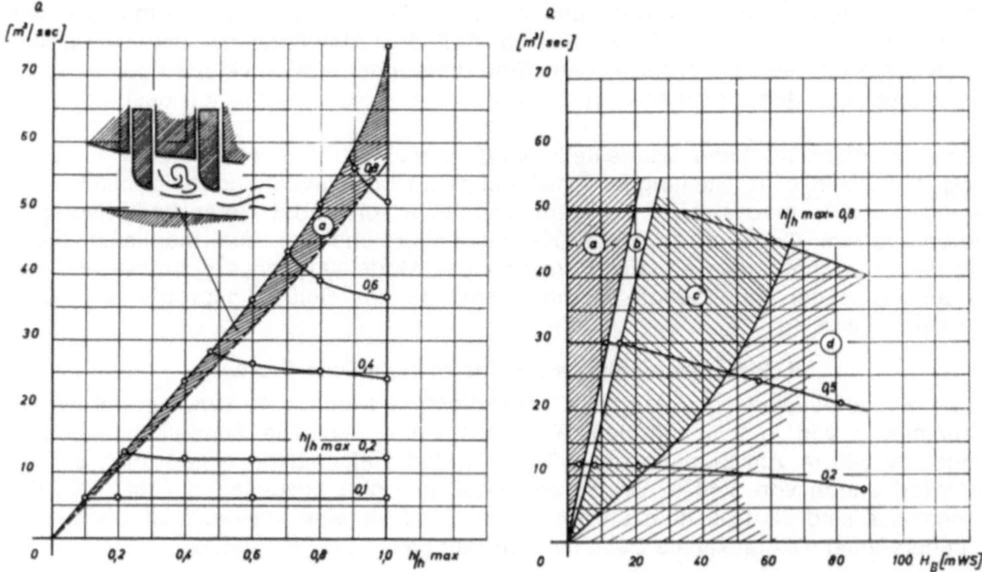

Abb. 9. Kraftwerksanlage Kaunertal. Modelltest für den Freispiegelbetrieb mit Reserveschieber

Abb. 10. Kraftwerksanlage Kaunertal. Modelltest für den Gegendruckbetrieb mit Reserveschieber

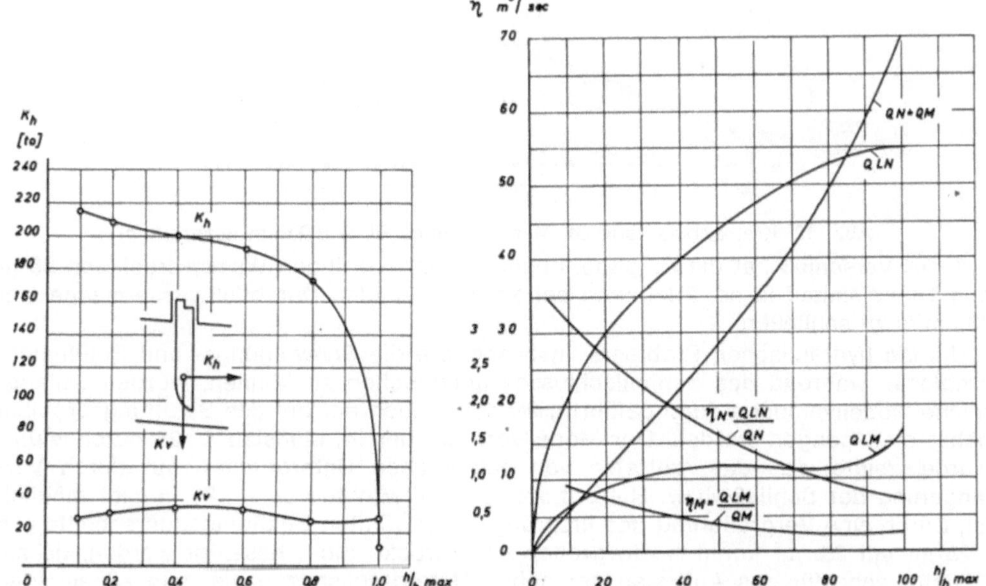

Abb. 11. Kraftwerksanlage Kaunertal. Hydraulische Kräfte auf den Betriebsschieber

Abb. 12. Kraftwerksanlage Kaunertal. Vergleich Lufteinzug — Wasserabfluß

bedarf, da einerseits eine Umrechnung der im Modell gemessenen Luftmenge sehr unsicher ist, anderseits im Modell nur ein Teil des Abflußstollens und des Belüftungsstollens dargestellt werden konnte. Eine Umrechnung der im Modell gemessenen Luftmengen auf den tatsächlichen Luftdurchsatz in der Natur ist deshalb nicht möglich.

Zusammenfassend kann festgestellt werden, daß der Betriebsschieber im Freispiegelbetrieb in allen Stellungen schwingungsfrei und kavitationsfrei arbeitet. Wird im Notfall der Reserveschieber als Betriebsschieber verwendet, treten im Freispiegelbetrieb und im Gegendruckbetrieb Kavitationsbereiche auf, die möglichst rasch durchfahren werden müssen. Ein Vergleich der Modellversuchsergebnisse mit den Messungen in der Natur zeigte — mit Ausnahme des Belüftungsproblems — gute Übereinstimmung.

5. Einlaufverschlüsse für das Mangla-Dam-Project

Das Einlaufbauwerk des Mangla-Dam-Projects ist durch 5 Tunnels mit einem Durchmesser von je 9 m mit dem Krafthaus verbunden. Die Tunnels haben eine Länge von 600 m. Am Eingang der 5 Tunnels sind Tiefschützen angeordnet, die die Einlauföffnungen von 5,40 m Breite und 10,82 m Höhe abschließen (Abb. 13). Die Verschlüsse sind als Rollschützen ausgebildet und für eine maximale Stauhöhe von 96 m berechnet. Die maximale Belastung beträgt 5500 t pro Verschluß.

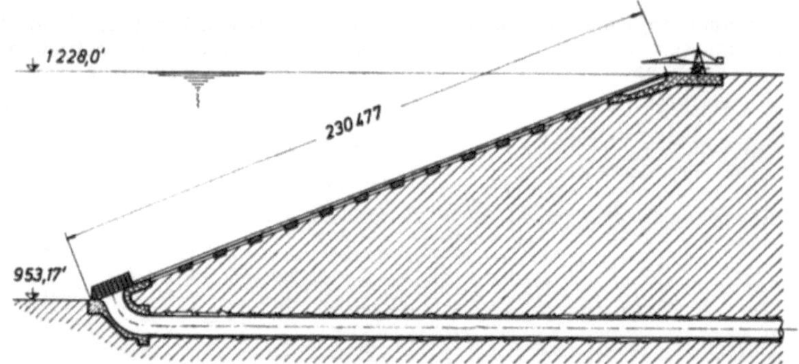

Abb. 13. Kraftwerksanlage St. Mangla-Damm. Einlauf Triebwassertunnel

Jeder Verschluß hat die Aufgabe, gegen vollen einseitigen Wasserdruck von 96 m den Tunneleinlauf in ca. 2 Minuten bei einer maximalen Durchflußwassermenge von 480 m³/s zu schließen.

Um die hydraulischen Probleme, insbesondere die Schwingungs- und Belüftungsprobleme, während des Schnellschlusses untersuchen zu können, wurden umfangreiche Modellversuche durchgeführt. Hier soll jedoch nur auf das Belüftungsproblem näher eingegangen werden. Der Modellversuch, der im Maßstab 1 : 25 durchgeführt wurde, zeigte, daß das Auftreten von gefährlichen Unterdrücken nur durch Verlängerung der Schließ- bzw. Hubzeit von 2 auf 6 Minuten (v = 1,86 m/min) möglich ist. Durch eine Vergrößerung des ursprünglich gewählten Belüftungsquerschnitts von 1,23 m² auf 2,2 m² konnten die großen Unterdrücke nicht beseitigt werden, da als Hauptursache für das Auftreten der hohen Unterdruckspitzen die dem allgemeinen Druckverlauf nachhinkende Entleerung der beiden Belüftungsrohre festgestellt wurde. Es wurde deshalb eine Unterteilung der Schließgeschwindigkeit vorgenommen. 90% der Verschlußöffnung wurde im Schnellgang mit einer Geschwindigkeit von

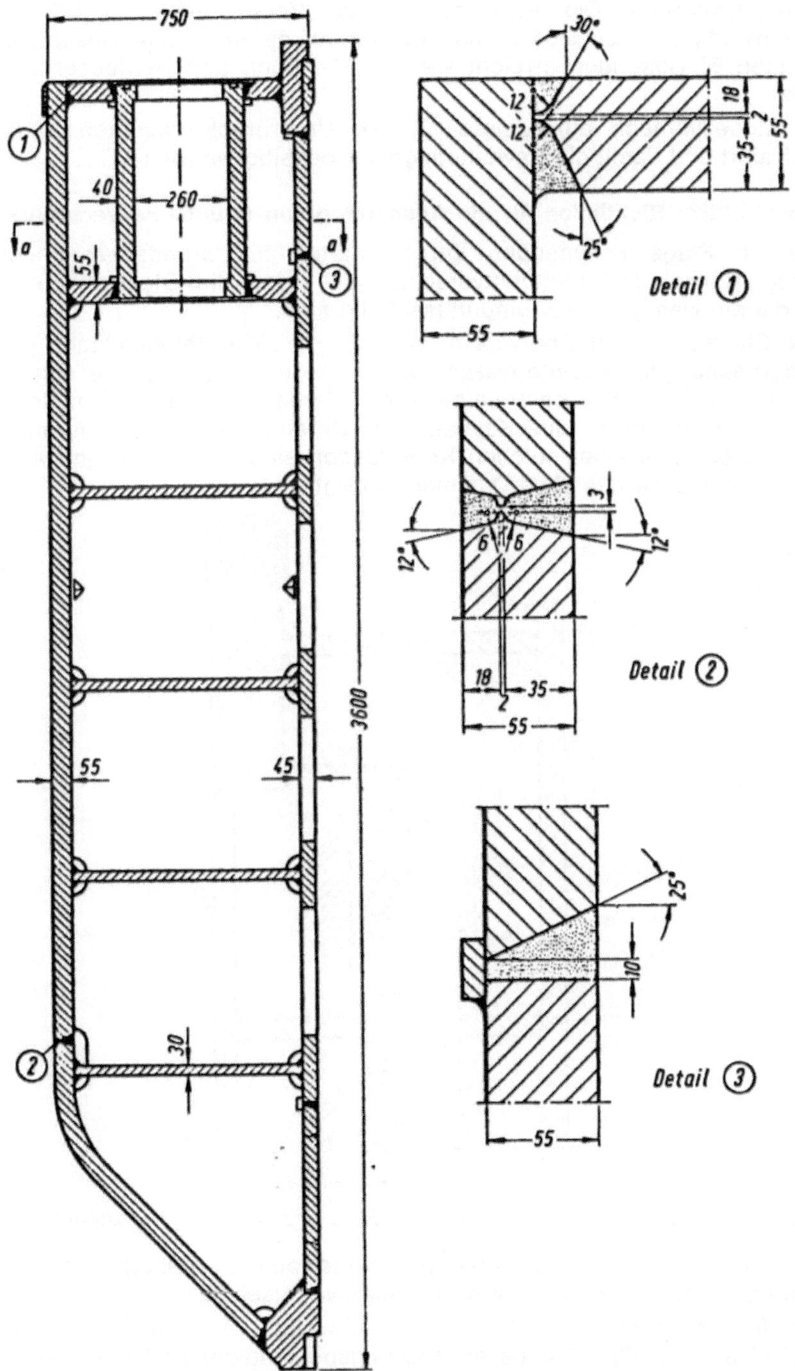

Abb. 14. Kraftwerk St. Mica-Damm. Hochdruckverschlüsse — Längsschnitt

5,48 m/min geschlossen. Die restlichen 10% der Verschlußöffnung jedoch nur mit einer Geschwindigkeit von 0,84 m/min. Es konnte dadurch eine Gesamtschließzeit von 2 Minuten 56 Sekunden erreicht werden, die noch den Betriebserfordernissen entsprechen.

Die im Modellversuch aufgezeigten hohen Unterdrücke konnten dadurch auf 0,4 atü reduziert und damit die Kavitationsgefahr beseitigt werden.

6. Konstruktive Richtlinien für die Ausbildung von Grundablaßverschlüssen

Von den in Frage kommenden Verschlußarten für Grundablaßverschlüsse — Gleitschütze, Rollschütze, Segmentverschlüsse — sind die Gleitschütze jene Verschlüsse, die am wenigsten schwingungsanfällig sind.

Wird die Stauwand nach Oberwasser verlegt und die Dichtungsfläche im Bereich der Auflagerfläche auf der Unterwasserseite vorgesehen, ergibt sich eine sehr einfache und unempfindliche Konstruktion, die außerdem nur sehr schmale Auflagernischen erfordert, wodurch eine Kavitation im Bereich der Nischen vermieden werden kann. Als Beispiel einer solchen Konstruktion sind in Abb. 14 und Abb. 15 die Grundablaßverschlüsse des Mica-Dammes gezeigt.

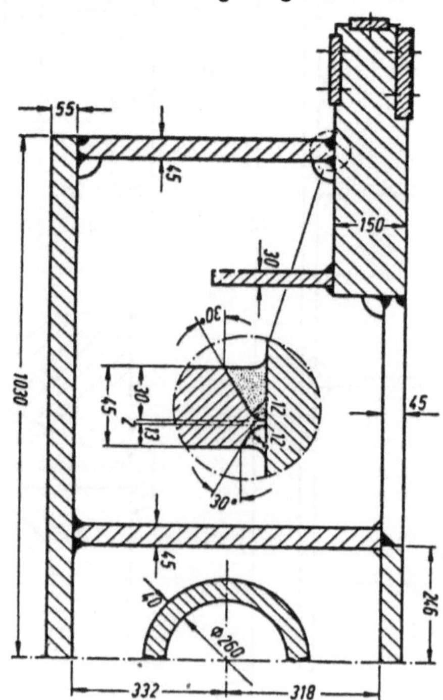

Abb. 15. Kraftwerk St. Mica-Damm. Hochdruckverschlüsse — Horizontalschnitt

Eine automatisch arbeitende oder von Hand aus zu betätigende Hochdruckschmierung der Gleitschienen ist in allen Fällen vorzusehen.

Werden die Grundablaßverschlüsse in geschweißter Ausführung hergestellt, soll als Werkstoff ein sprödbruchsicherer, alterungsbeständiger und tieftemperaturzäher Feinkornstahl verwendet werden. Die der Kavitation ausgesetzten Stellen sollen mit rostfreiem Material gepanzert werden. Die verwendeten Bleche sollen vor dem Einbau ultraschallgeprüft werden, um Dopplungen und Einschlüsse zu vermeiden. Vor dem Schweißen ist der Werkstoff auf 150⁰ C bis 200⁰ C anzuwärmen, um Rißbildungen zu vermeiden. Vor der maschinellen Bearbeitung muß der gesamte Verschluß spannungsarm geglüht werden. Alle Schweißnähte sind zu röntgen oder mit Ultraschall zu prüfen.

7. Zusammenfassung

Es werden die Entwurfskriterien für Grundablaßverschlüsse wie folgt zusammengestellt.

Da sich zahlreiche hydraulische Probleme durch Rechnung nicht einwandfrei erfassen lassen, ist es grundsätzlich erforderlich, Modellversuche für Grundablaßverschlüsse durchzuführen, um die Gefahr von Kavitations- und Schwingungserscheinungen erkennen zu können. Die Modellversuche sollen sich nicht nur auf den unmittelbaren Bereich der Grundablaßverschlüsse beschränken, sondern auch auf den unterhalb des Verschlusses liegenden Grundablaßstollen erstrecken, da von diesem Bereich oft Schwingungen und Kavitationserscheinungen ausgelöst werden. Es ist für die Feststellung von Kavitationserscheinungen notwendig, die Modellversuche nicht nur nach dem Froudeschen Ähnlichkeitsgesetz, sondern auch kavitationsähnlich durchzuführen. Solche Versuche ermöglichen die Festlegung jener Betriebsbereiche von Grundablaßschützen, in welchen mit Kavitationserscheinungen gerechnet werden muß. Das Durchfahren dieser Gefahrenbereiche kann dann in der Betriebsanleitung vorgeschrieben werden.

Die im Modell gemessenen Werte sollen möglichst durch Anordnung entsprechender Meßpunkte in der Natur überprüft werden.

Die Belüftungsprobleme können im Modell nicht geklärt werden. Es hat sich als zweckmäßig erwiesen, in die Belüftungsleitungen, die auf Grund von Erfahrungswerten in Relation zur Durchflußmenge dimensioniert werden, Drosselklappen einzubauen. Ferner kann durch eine variable Senk- und Hubgeschwindigkeit das Belüftungsproblem von Tiefschützen günstig beeinflußt werden.

Als Grundablaßverschlüsse eignen sich besonders Gleitschütze, da diese weniger schwingungsgefährdet sind als Segmentverschlüsse. Die Formgebung der Gleitschützen soll so erfolgen, daß Ablösungszonen vermieden werden. Gleitschützen erfordern im Gegensatz zu Rollschützen nur sehr schmale Schützennischen, wodurch Kavitations- und Schwingungsgefahr in diesem Bereich vermieden werden. Insbesondere muß im Bereich der Sohldichtung des Verschlusses auf Ablösungszonen geachtet werden.

Die sehr robuste und einfache Konstruktion von Gleitschützen erfordert kaum eine Wartung. Eine Hochdruckschmierung von der Kaverne aus ist grundsätzlich vorzusehen, um die Reibungskraft zwischen Bronzegleitleisten und rostfreier Auflagerschiene möglichst klein zu halten.

Bei der Herstellung von geschweißten Grundablaßverschlüssen ist die Verwendung von sprödbruchsicheren, alterungsbeständigen und tieftemperaturzähen Feinkornstählen zu empfehlen. Die verwendeten Bleche und Schweißnähte sollen ultraschallgeprüft sein, um Dopplungen und Risse mit Sicherheit zu vermeiden.

Werden die vorstehend beschriebenen Entwurfskriterien beachtet, ist ein wesentlicher Beitrag für einen sicheren Betrieb von Grundablaßschützen geleistet.

2.4 Diskussionsbeitrag zur Frage 41

Dipl.-Ing. Dr. techn. R. Widmann, Tauernkraftwerke AG, Salzburg

Das maßgebende Hochwasserereignis für die Entlastungsanlage einer Talsperre wird meist ohne Berücksichtigung der voraussichtlichen Speicherbewirtschaftung festgelegt. Man geht dabei überlicherweise von der Annahme aus, daß das Katastrophenhochwasser auf den vollen Speicher auftrifft. Bei vielen Anlagen mag dies gerechtfertigt sein; die Erfahrungen bei bestimmten Speichern, z. B. Jahresspeichern für die Energieversorgung, zeigen jedoch, daß die Entlastungsanlagen kaum in Betrieb gehen. Bei der Suche nach der Ursache dieser Tatsache stellt man fest, daß hierfür zwei Faktoren maßgebend sind:

1. die normale Bewirtschaftung des Speichers und

2. das Verhältnis zwischen Kennwerten, die einerseits die Speichergröße, anderseits den Zufluß zum Speicher charakterisieren.

Eine derartige Untersuchung wurde für die österreichischen Speicher durchgeführt, die im wesentlichen für die Stromerzeugung errichtet worden sind. Es zeigte sich, daß bisher bei keinem Speicher die Hochwasserentlastungsanlage in Tätigkeit getreten ist, dessen

> Speicherinhalt größer als $\sim 70\%$ des normalen Jahreszuflusses
> oder dessen
> Spiegelfläche größer als 7% des Einzugsgebiets ist.

Für eine exaktere Aussage ist jedoch eine eingehendere Analyse erforderlich, die bei einigen Speichern der Tauernkraftwerke AG mit sehr verschiedenen Parametern durchgeführt wurde. Diese Untersuchung erstreckte sich auf die letzten 15 Betriebsjahre und gliedert sich wie folgt:

1. Zusammenstellung der 15 größten Gesamtzuflüsse zum Speicher als Wasserfracht in 24 Stunden.

2. Zugehörige Speicherspiegelhöhe am Ende dieser Hochwasserwelle und damit Ermittlung des zur Verfügung stehenden Auffangraums bzw. der Wasserfracht, die über die Hochwasserentlastungsanlage abgeflossen ist.

3. Auswertung dieser Daten nach der New Unit Method of the „U.S. Water Researches Council".

Das erste Bild zeigt die Ergebnisse für einen Speicher, dessen Hochwasserüberfall in den 15 Beobachtungsjahren zweimal in Tätigkeit getreten ist. Auf den Ordinaten ist das Wasservolumen in Mill. m³, auf der Abszisse die Wahrscheinlichkeit des Auftretens aufgetragen. Die obere Kurve entspricht den Zuflüssen, die untere dem restlichen Retentionsraum am Ende der Hochwasserwelle bzw. der über die Entlastungsanlage abgeflossenen Wasserfracht. Der Schnittpunkt der unteren Linie mit der Abszissenachse gibt die Häufigkeit des Anspringens der Hochwasserentlastungsanlage, im vorliegenden Beispiel also alle 7,5 Jahre, an. Der Schnittpunkt dieser Kurve mit der jährlich zu erwartenden maximalen Abflußfracht gibt die Wahrscheinlichkeit, daß die jährliche maximale Zuflußfracht über die Hochwasserentlastungsanlage abfließt. Im vorliegenden Beispiel ist dies etwa alle 75 Jahre zu erwarten.

Diese Untersuchung wurde für mehrere Speicher mit verschiedenen Parametern durchgeführt; das Ergebnis ist auf der zweiten Abbildung dargestellt. Hier ist als Ordinate das Verhältnis Speichernutzinhalt : Jahreszufluß aufgetragen, auf der

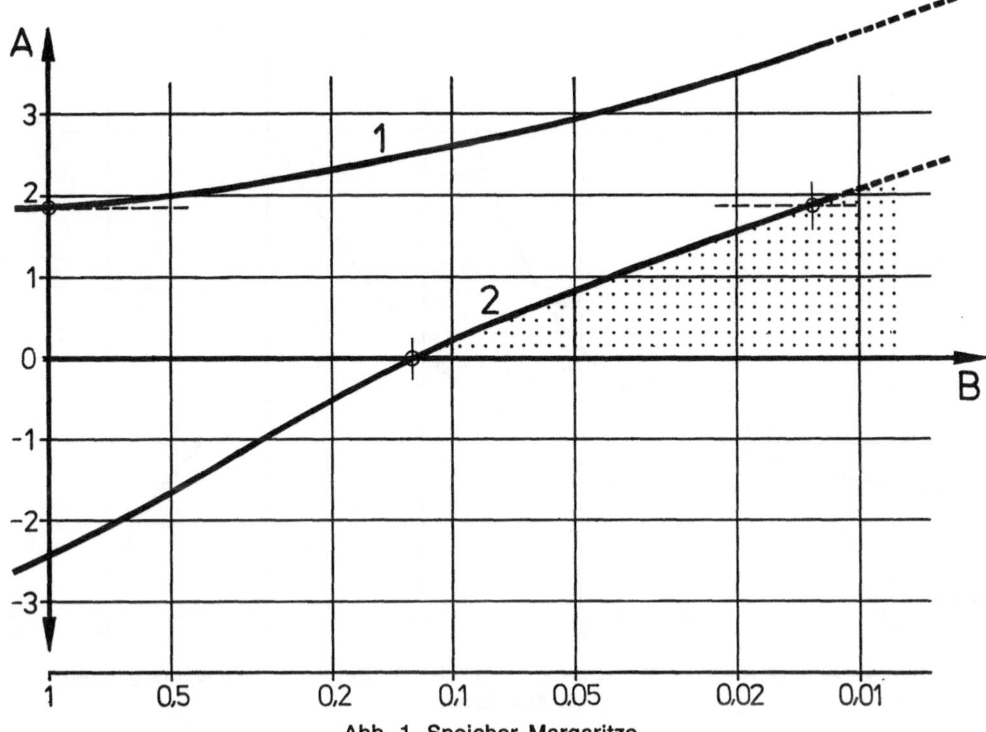

Abb. 1. Speicher Margaritze

A Wasservolumen in Mill. m³
B Wahrscheinlichkeit
1 Zuflußfracht in 24 Stunden
2 Restlicher Retentionsraum am Ende der Hochwasserwelle bzw. Abflußfracht über die Entlastungsanlagen

Abszisse wieder die Wahrscheinlichkeit des Auftretens bestimmter Ereignisse dargestellt. Die obere Kurve gibt die Wahrscheinlichkeit an, mit der ein Ansprechen der Hochwasserentlastungsanlage zu erwarten ist. Die untere Kurve gibt die Wahrscheinlichkeit an, daß die jährliche maximale Zuflußfracht eines Tages auch tatsächlich über die Hochwasserentlastungsanlage abfließt. Die dritte Kurve schließlich gibt an, mit welcher Wahrscheinlichkeit ein Zuflußereignis als Abflußereignis mit der Wahrscheinlichkeit 10^{-4} auftritt.

Bei einem Speicher, dessen Nutzinhalt etwa 3% des Jahreszuflusses entspricht, würde daher etwa alle 10 Jahre ein Überlauf eintreten, alle 100 Jahre jene Wasserfracht über die Hochwasserentlastungsanlage abfließen, die der jährlich zu erwartenden Hochwasserfracht entsprechen würde. Einem 10.000jährlichen Abflußereignis schließlich würde ein etwa 1000jährliches Zuflußereignis entsprechen.

Demgegenüber wird bei einem Speicher, dessen Nutzinhalt etwa 40% des Jahreszuflusses erreicht, nur etwa alle 40 Jahre die Hochwasserentlastungsanlage ansprechen und alle 500 Jahre jene Wasserfracht über die Hochwasserentlastungsanlage abfließen, die der jährlich zu erwartenden Hochwasserfracht entspricht. Einem 10.000-

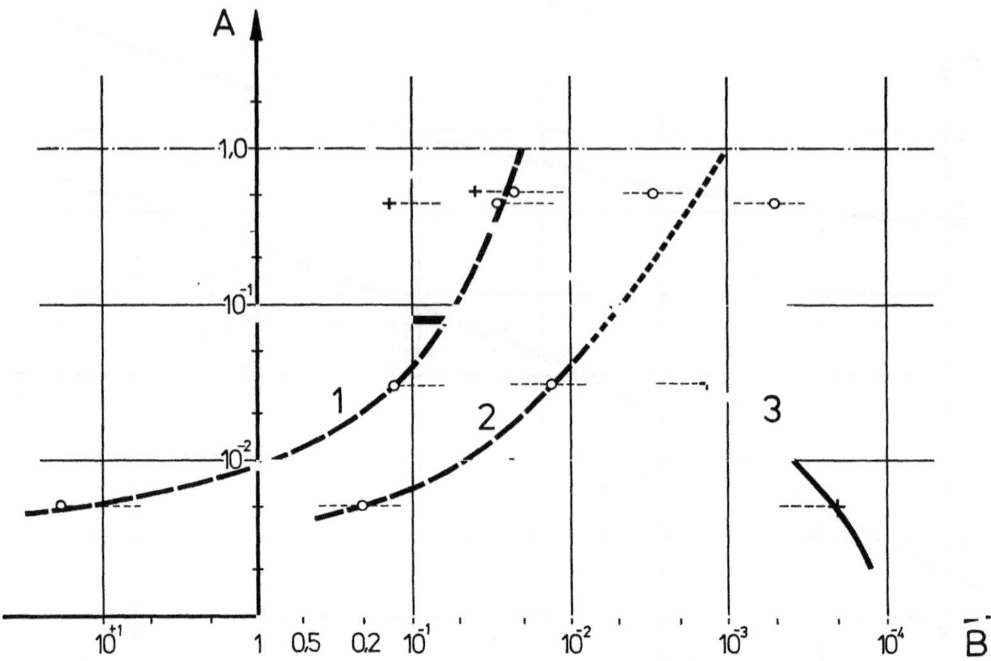

Abb. 2. Abminderung der Wahrscheinlichkeit des Auftretens von Zuflußereignissen als Abflußereignis

A Verhältnis $= \dfrac{\text{Speichernutzinhalt}}{\text{gesamter Jahreszufluß}}$

B Wahrscheinlichkeit des Auftretens von 1 2

1 Ansprechen der Hochwasserentlastungsanlage

2 maximale jährliche Zuflußfracht eines Tages als Abfluß über die Hochwasserentlastungsanlage

3 Wahrscheinlichkeit des Zuflußereignisses als Abflußereignis mit der Wahrscheinlichkeit 10⁻⁴

jährlichen Abflußereignis schließlich würde ein etwa 20jähriges Zuflußereignis entsprechen.

Es wäre zu begrüßen, wenn die vorliegende Ausarbeitung durch langjährige Beobachtungsergebnisse bei anderen Talsperren ergänzt werden könnte.

3. Frage 42: Dichtungsvorkehrungen und Böschungsschutz bei Erd- und Steinschüttdämmen

3.1 Überlegungen und Untersuchungen für den Entwurf eines Steinschüttdammes mit einem 92 m hohen Dichtungskern aus bituminöser Mischung

(Bericht R 34)

o. Prof. Dipl.-Ing. Dr. techn. W. Schober, Universität Innsbruck

1. Einleitung

Für die in Bauvorbereitung stehende Kraftwerksgruppe Sellrain—Silz der Tiroler Wasserkraftwerke AG (TIWAG) ist die Errichtung des Speichers Finstertal von 60 Mill. m³ Inhalt in 2400 m Seehöhe geplant. Nach umfangreichen Variantenstudien wurde ein Steinschüttdamm mit einem 92 m hohen Dichtungskern aus bituminöser Mischung vorgesehen.

Der Entwurf des Steinschüttdammes Finstertal wurde wesentlich von den Erfahrungen beim Bau und Betrieb des 153 m hohen, 1964 fertiggestellten Steinschüttdammes Gepatsch der TIWAG beeinflußt, über den Berichte von den Talsperrenkongressen in Rom [1], Edinburgh [2], Istanbul [3, 4] und Montreal [5] vorliegen.

Nachstehend werden grundsätzliche Überlegungen über die Wahl von Dichtungselementen im Zusammenhang mit Meßergebnissen beim Staudamm Gepatsch angestellt sowie der Entwurf des Steinschüttdammes Finstertal und Versuchsergebnisse mit der bituminösen Mischung des Dichtungskerns beschrieben.

2. Die Wahl von Dichtungselementen

Bei der komplexen Materie, die ein Dammentwurf darstellt, ist es von vornherein schwierig, allgemeingültige Feststellungen zu treffen und für die Auswahl von Dichtungselementen Bewertungskriterien zu finden. Letztlich hängt das Ergebnis eines Entwurfs doch weitgehend von den persönlichen Erfahrungen der Projektverfasser ab. Und selbst bei gewissenhaftester Vorbereitung bleibt noch immer ein Rest von Unvorhersehbarem, der den besonderen, nicht übertragbaren Verhältnissen jeder Sperrenstelle anhaftet.

Wie nachstehend gezeigt wird, war es z. B. überraschend, daß sich die Krone des Staudammes Gepatsch in den bisherigen 8 Betriebsjahren generell zur Wasserseite, also entgegen der Belastungsrichtung, bewegte. Auch der geringe Verformungsmodul von 130 kp/cm² der in Lagen von 2 m mit 8,5 t schweren Rüttelwalzen verdichteten Steinschüttung aus hartem Augengneis und die durch Messung festgestellte Aufhängung des zentralen Erdkerns von rund 40% seines Gewichts infolge des Bogen- oder Siloeffekts war in diesem Ausmaß nicht vorhersehbar. Es wird somit jedem Dammbau auch weiterhin ein gewisses Risiko anhaften. Daher bleibt es eine der Hauptaufgaben des Entwurfs, die Meßeinrichtungen so zu planen, daß der Zustand des Dammes in jeder Bau- und Betriebsphase überwacht werden kann und rechtzeitig Maßnahmen zur Abwendung von Gefahren ergriffen werden können.

Die Frage nach dem für Dämme am besten geeigneten Dichtungselement kann selbstverständlich nur beschränkt allgemein beantwortet werden. Dies deshalb, weil jeder Dammbau weitgehend mit den in der näheren Umgebung vorhandenen Baustoffen auskommen muß und die Anwendung von Fremdmaterial aus Kostengründen beschränkt bleibt. Die Auswahl des Dichtungselements wird daher auch von wirtschaftlichen Überlegungen mitbestimmt. Es stellt sich somit immer die Frage nach der für die betreffende Sperrenstelle technisch und wirtschaftlich besten Lösung. Dabei müssen in technischer Hinsicht unter anderem folgende Gesichtspunkte berücksichtigt werden:

a) Anpassungsfähigkeit an schwierigen Untergrund, wie bewegte Morphologie, nachgiebige Felsüberlagerung usw.,

b) Anschlußmöglichkeit an die Untergrunddichtung, wie Injektionsschirm oder Schlitzwand, sowie an einen Dichtungsteppich,

c) Anforderung an angrenzende Dammzonen und Beeinflussung durch diese,

d) Zuverlässigkeit der Bauausführung im Hinblick auf Witterungseinflüsse, Baumethoden, Bauüberwachung und Fehlerquellen bei der Bauausführung,

e) Widerstandsfähigkeit gegen Rißbildung bei großen Relativverformungen (Ergänzung zu a),

f) Widerstandsfähigkeit gegen Durchströmung bei aufgetretenen Rissen,

g) Selbstheilungseigenschaften,

h) Lebensdauer,

i) Empfindlichkeit gegen Beschädigung durch Felsstürze, Lawinen oder sonstige Zerstörungsmöglichkeiten,

k) Überwachungsmöglichkeiten,

l) Reparaturmöglichkeit.

Trotz aller Vorbehalte wird nachstehend in Tabelle 1 versucht, mögliche Dichtungen für Staudämme von rund 100 m Höhe an Hand der Kriterien a bis l zu bewerten. Dabei erfolgt eine gute Bewertung mit der Zahl 3, eine mittlere mit 2 und eine schlechte mit 1. Nur in Zweifelsfällen wird mit einer Zwischenzahl bewertet.

Tabelle 1

Kriterium	I. Oberflächendichtungen		II. Lotrechte und schräge Innendichtungen		
	I_1 Beton	I_2 Bitumen- mischung	II_1 1) schmaler Erdkern	II_2 2) breiter Erdkern	II_3 Bitumen- mischung
a	1	2	2	3	2,5
b	1	1	2	3	1,5
c	2	3	1	2	2
d	2	3	2	3	3
e	1	3	2	2	3
f	3	2	1	1	2
g	1	1	2	3	1,5
h	2	2	3	3	2,5
i	1	1	3	3	3
k	3	3	2	2	2
l	3	3	2	2	2
Bewer- tungs- summe	20 100%	24 120%	22 110%	27 135%	25 125%

1) und 2) Kernbreite kleiner/größer als 30% der Stauhöhe

Es würde zuweit führen, die Gründe für die einzelnen Bewertungen zu erläutern. Es scheint jedoch einleuchtend, daß der Unterschied in den Bewertungssummen nicht sehr groß sein kann, da ja jede Dichtungsart wiederholt erfolgreich ausgeführt wurde. Auch die beste Wertung für den breiten Erdkern (II_2) erscheint plausibel, da mit diesen Dichtungen auch bei Dämmen über 100 m bisher die geringsten Schwierigkeiten aufgetreten sind. Auch Prof. Breth kommt zum gleichen Ergebnis [6]. Für die Wertungen wurden die Erfahrungen bei folgenden, bereits im Betrieb erprobten Dämmen herangezogen, wobei der Name (Land, Dichtungshöhe im Damm/in Überlagerung, Fertigstellungsjahr) angeführt werden.

I_1	New Exchequer	(USA, 150 m/—, 1966)
	Paradela	(Portugal, 110 m/—, 1958)
	Salt Springs	(USA, 100 m/—, 1931)
	Fades	(Frankreich, 68 m/—, 1968)
I_2	Henne	(BRD, 58 m/—, 1955)
	Genkel	(BRD, 43 m/—, 1952)
II_1	Gepatsch	(Österreich, 153 m/—, 1964)
	Infiernillo	(Mexiko, 148 m/—, 1963)
	Göschenenalp	(Schweiz, 155 m/—, 1960)
	Messaure	(Schweden, 100 m/—, 1962)
II_2	Serre Poncon	(Frankreich, 130 m/100 m, 1960)
	Mattmark	(Schweiz, 115 m/100 m, 1967)
	Mont Cenis	(Frankreich, 120 m/45 m, 1969)
	Bennett	(Kanada, 183 m/—, 1967)
II_3	Dhünn	(BRD, 35 m/—, 1955)
	Eberlaste	(Österreich, 28 m/52 m, 1968)

Bei dieser Aufzählung fällt auf, daß Betriebserfahrungen für bituminöse Oberflächendichtungen nur von Dämmen unter 60 m, für Innendichtungen gar nur unter 40 m vorliegen. Sie haben daher gegenüber den anderen Dichtungsarten einen geringen Aussagewert. Das gute Verhalten der angeführten Dämme sowie die überzeugenden Ergebnisse der durchgeführten Laboratoriumsuntersuchungen rechtfertigen jedoch die Ansicht, daß derartige Dichtungen zumindest bis 100 m Druckhöhe angewendet werden können.

Grundsätzlich ist der Dammbau wie der Bau von Betontalsperren als ein Spannungs-Verformungsproblem anzusehen. Die Schwierigkeiten einer wirklichkeitsnahen Lösung dürfte heute dank des Einsatzes von EDV-Anlagen und moderner Rechenverfahren weniger auf dem analytischen Sektor als auf dem der Ermittlung zutreffender Materialkennwerte liegen, stecken doch die Untersuchungen zur Aufstellung allgemeiner Stoffgesetze für dreidimensionale Beanspruchung noch in den Anfängen.

In bezug auf die Lage des Dichtungselements im Dammquerschnitt kann allgemein gesagt werden, daß zur Abtragung der Staudruckbelastung in den Untergrund mit zunehmender Schräglage ein immer größerer Teil des Dammkörpers zur Verfügung steht. Ein geneigter Kern wird daher stets von Vorteil sein und die Materialbeanspruchung herabsetzen.

Mit großer Wahrscheinlichkeit darf angenommen werden, daß sich im Innern der Zentralkerndämme Gepatsch [5] und Infiernillo [7] auf Grund von Silowirkung Fließzonen ausgebildet haben. Derartige Zonen haben nur dann nachteilige Bedeutung, wenn sich daraus Risse entwickeln, die die Dichtungswirkung beeinträchtigen können. Die beiden Beispiele, Hyttejuvet [8] und Balderhead [9], bei denen eine Nachdichtung erforderlich wurde, sind hinlänglich bekannt.

Daß Risse weitgehend vermieden werden müssen, versteht sich von selbst, doch wird dies nicht immer möglich sein. Mit zunehmender Dammhöhe nimmt die Bedeutung der Verformungseigenschaften stark zu [10]. Nur bei außerordentlich günstigen Untergrund- und Materialvoraussetzungen, wie z. B. beim 180 m hohen Bennettdamm in Kanada [11], wird es gelingen, einen rissefreien Schüttkörper herzustellen. Grundsätzlich können jedoch Zerrungszonen nicht verhindert, sondern nur in ihrer Auswirkung gemildert werden.

Stark zusammendrückbares Steinschüttmaterial führt stets zu Längsrissen und seltener auch zu Querrissen an der Krone. Zur Erläuterung dieser Feststellung werden nachstehend die Kronenverformungen des Gepatschdammes während der letzten 6 Betriebsjahre dargestellt.

Abb. 1 zeigt die Dammkrone im Hauptquerschnitt mit den Meßpunkten A, B, C und D. Die zwei Meßtermine pro Jahr sind jeweils einem tiefen und einem hohen Stau zugeordnet. Wie zu entnehmen ist, weist, wie schon einleitend erwähnt, die allgemeine Bewegungsrichtung der Kronenpunkte A, B und D zur Wasserseite, also gegen die Wasserlast, während sich der Punkt C an der luftseitigen Böschung zur Luftseite bewegte. Die Null-Linie der Horizontalbewegungen liegt demnach luftseitig der Krone zwischen den Punkten B und C.

Zwischen den Punkten traten Zerrungen (+) und Stauchungen (−) auf, die zwischen A und B +4,8⁰/₀, zwischen B und C +3,7⁰/₀ und zwischen A und D −1,25⁰/₀ betrugen. Sie führten zu nur wenige Meter tief reichenden, starken Längsrissen, die ohne schädliche Auswirkung blieben. Eine Folge der Zerrungen waren verstärkte Setzungen der Krone, die bisher im Zentralteil des Dammes 2,0 m = 1,3⁰/₀ der Dammhöhe seit Fertigstellung im Jahr 1964 erreichten. Dabei wirkten sich die plastischen Eigenschaften des Kernmaterials günstig aus. Die Kurven lassen ein deutliches, wenn auch relativ langsames Abklingen der Bewegungen erkennen. Dieses Abklingen in bezug auf die Vertikalkomponente der Bewegungen ist aus dem Diagramm der Abb. 1 für alle 4 Punkte zu entnehmen.

In Abb. 2 ist die Horizontalbewegung der in unmittelbarer Nähe der Punkte A und B gelegenen Punkte I und II in bezug zum Stauspiegel aufgetragen. In der Stauphase bewegten sich beide Punkte bis zur Stauhöhe 1750 m, das sind 17 m unter dem Stauziel, konform mit geringen Beträgen zur Luftseite. Darüber setzte dann eine stärkere luftseitige Bewegung des Punktes II ein. In der Abstauphase wanderten wieder beide Punkte gleichmäßig mit dem gleichen Betrag zur Wasserseite.

Dieses unterschiedliche Verhalten läßt sich wie folgt erklären:

Der Punkt I ist vom wasserseitigen, der Punkt II vom luftseitigen Stützkörper beeinflußt. Während der gesättigte, wasserseitige Stützkörper durch den Staudruck nicht belastet, sondern im Gegenteil durch Auftriebswirkung direkt und durch reduzierten Kernseitendruck indirekt entlastet wird, besteht für ihn, mit Ausnahme gewisser Verformungen infolge des luftseitigen Überhangs wegen der Neigung der wasserseitigen Kernbegrenzung, keine Veranlassung zu einer luftseitigen Bewegung. Bei Abstau fällt der Auftrieb weg, und das volle Gewicht kommt wieder zur Wirkung. Dies läßt sich etwa mit einem neuerlichen Verdichtungsvorgang vergleichen, bei dem sich durch Kornumlagerungen wieder Setzungen einstellen.

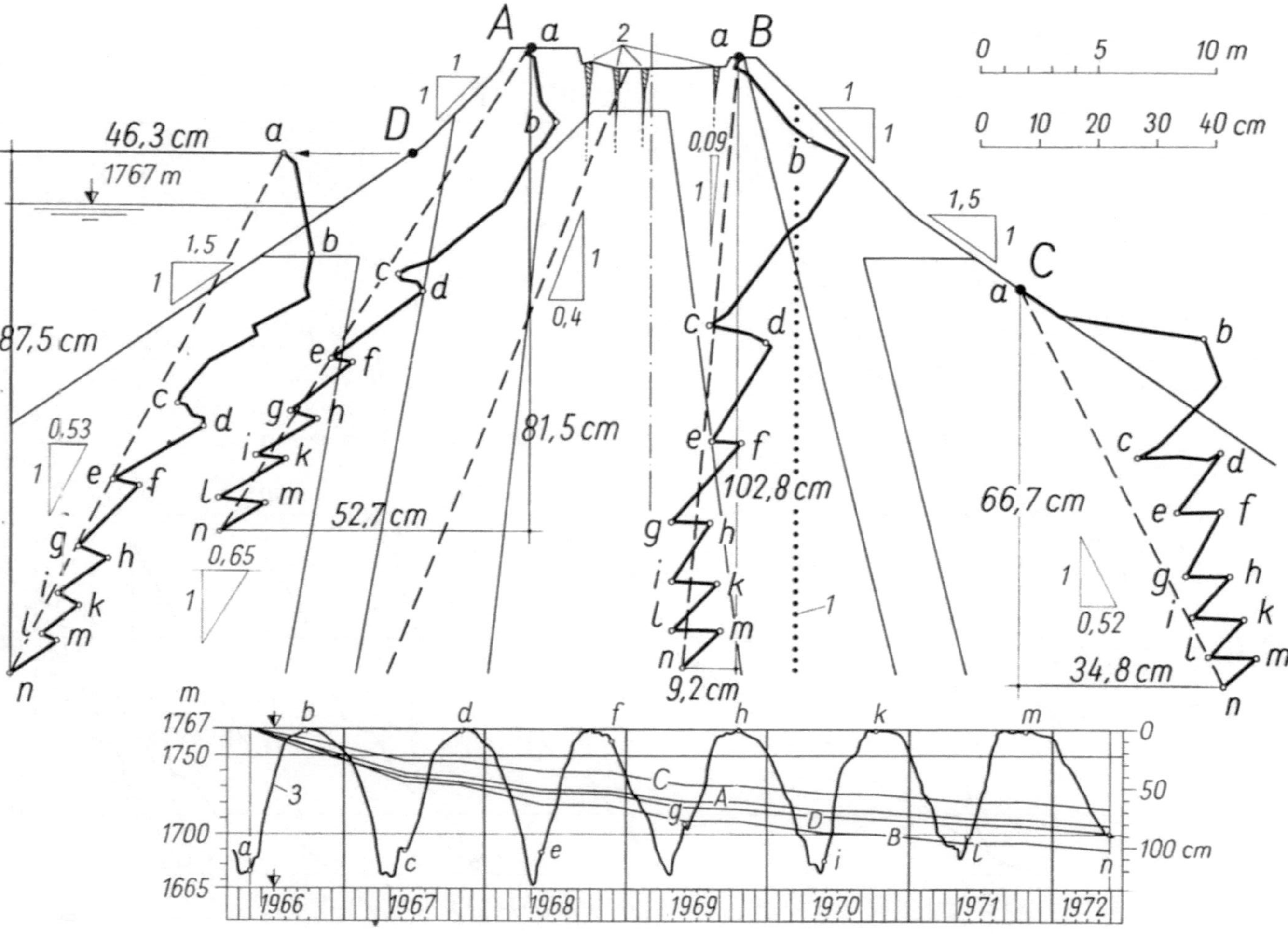

Abb. 1. Staudamm Gepatsch: Bewegungen der Kronenpunkte A bis D im Hauptquerschnitt von 1966 bis 1972

Lage der Punkte siehe Abb. 3
A bis D: Zeitsetzungskurven der Punkte A bis D
a bis n: Meßtermine

1 Null-Linie der Bewegungen
2 Längsrisse
3 Staukurve

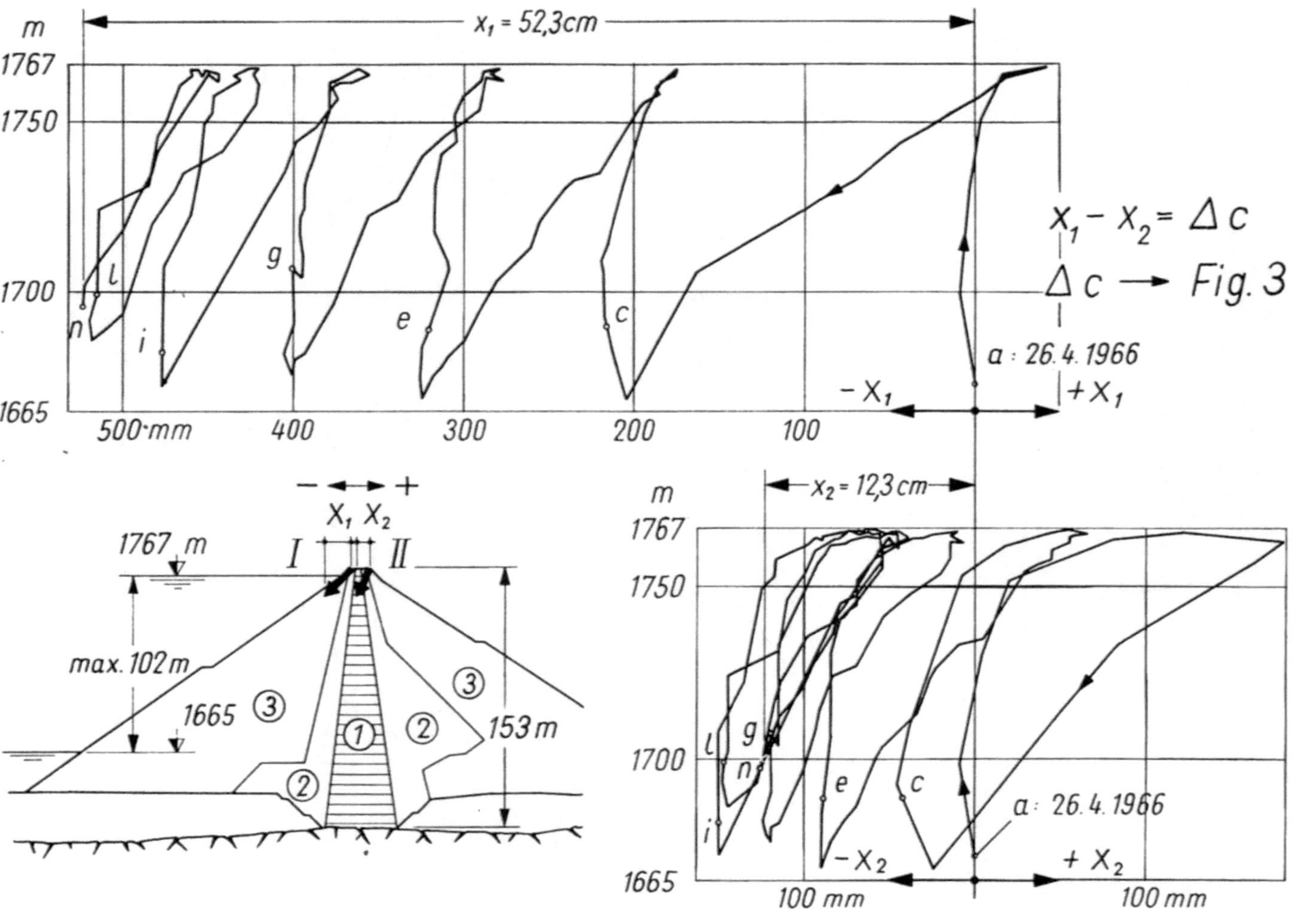

Abb. 2. Staudamm Gepatsch: Horizontalbewegungen der Kronenpunkte I und II im Hauptquerschnitt von 1966 bis 1972

Meßtermine a bis n siehe Abb. 1   Lage der Punkte siehe Abb. 3

Der luftseitige Stützkörper wird durch den Staudruck erst belastet, wenn dieser zusammen mit dem reduzierten Erddruck des wasserseitigen Stützkörpers den Kernseitendruck übersteigt. Dies dürfte etwa bei Staukote 1750,00 der Fall sein. Während unter dieser Kote wie bei Punkt I nur eine geringe Bewegung erfolgt, setzt darüber die luftseitige ein und führt zu einer Zerrung der Krone. Die rückläufige Bewegung in der Entlastungsphase während des Abstaus geht praktisch synchron mit der des Punktes I. Die Bewegungshysteresen der Bewegungen des Punktes II sind seit 3 Jahren praktisch geschlossen, so daß von einem quasi elastischen Zustand gesprochen werden kann. Der rein elastische Zustand dürfte sich erst nach Beruhigung der wasserseitigen Bewegungen einstellen.

Wie Abb. 3 zeigt, beträgt die jährliche Verbreiterung der Krone nach insgesamt 8 Staujahren (1964 bis 1972) immer noch rund 3,0 cm. Aus dieser Abbildung geht besonders deutlich hervor, daß die Zerrbewegung erst nach Überschreiten des Staus 1750,00 beginnt.

In Abb. 4 sind die Vektoren von Oberflächenpunkten im Hauptquerschnitt dargestellt. Die Bewegungen haben sich etwa entlang der eingetragenen Trajektorien ausgebildet. Bemerkenswert ist die nahezu böschungsparallele Richtung an der luftseitigen Oberfläche, während an der wasserseitigen die Vektoren relativ steil stehen. Im Diagramm dieser Abbildung sind die Bewegungsdifferenzen der Meßpunkte in bezug auf deren Horizontalabstände als Zerrungen (+) und Stauchungen (−) aufgetragen. Die im Querschnitt eingetragene Zerrungszone dehnt sich weit in die luftseitige Dammböschung aus und erreicht einen Zerrungsbetrag von maximal +4,7% an der Krone. Durch die vorhandene Blockabdeckung sind im Böschungsbereich die Zerrisse nicht sichtbar.

In Abb. 5 wurde versucht, aus den Bewegungsvektoren der Kronenpunkte auf die Bewegungsrichtungen in einem Schnitt längs der Dammachse zu schließen. Das obere Diagramm gib die Zerrungs- und Stauchungsbereiche seit 1966 an. Werden die Zerrungen 1964 bis 1966 [4] mit denen seit 1966 überlagert, so ergeben sich maximal 7,6‰, das ist $^1/_6$ der maximalen Zerrungen in Querrichtung. Bisher sind keine Querrisse beobachtet worden. Wie aus dem Diagramm der Kronensetzungen seit 1966 in Abb. 5 zu entnehmen ist, hat das Kriechen von den Flanken zur Talmitte zu einer Stauchung im Mittelbereich des Damms geführt und die Entwicklung von Setzungen gebremst. Allerdings wirken die in Talmitte besonders ausgeprägten Querbewegungen dieser Tendenz entgegen. Quer zum Tal können auch Bogenwirkungen vermutet werden.

In Abb. 6 sind schließlich im Lageplan sowohl die Bewegungsvektoren aller Oberflächenpunkte als auch die Linien gleicher Setzung eingetragen. Als wesentlich ist festzuhalten, daß die Null-Linie der Horizontalbewegungen luftseitig der Krone liegt und die Bewegungsrichtung in der wasserseitigen Dammhälfte stärker zur Talmitte, in der luftseitigen mehr parallel zur Talachse verläuft. Von der speicherseitigen Krümmung der Krone wurden die aufgetretenen Bewegungen offenbar nicht beeinflußt.

Wenn die Ergebnisse derartiger Messungen auch nicht verallgemeinert werden dürfen, so lassen sich zumindest für Zentralkerndämme doch einige Schlußfolgerungen ziehen:

— Jeder in einem Tal errichtete Schüttkörper mit einem Dammprofil kriecht von der Flanke zur Talmitte und von der Krone zu den Dammfüßen, wobei sich diese

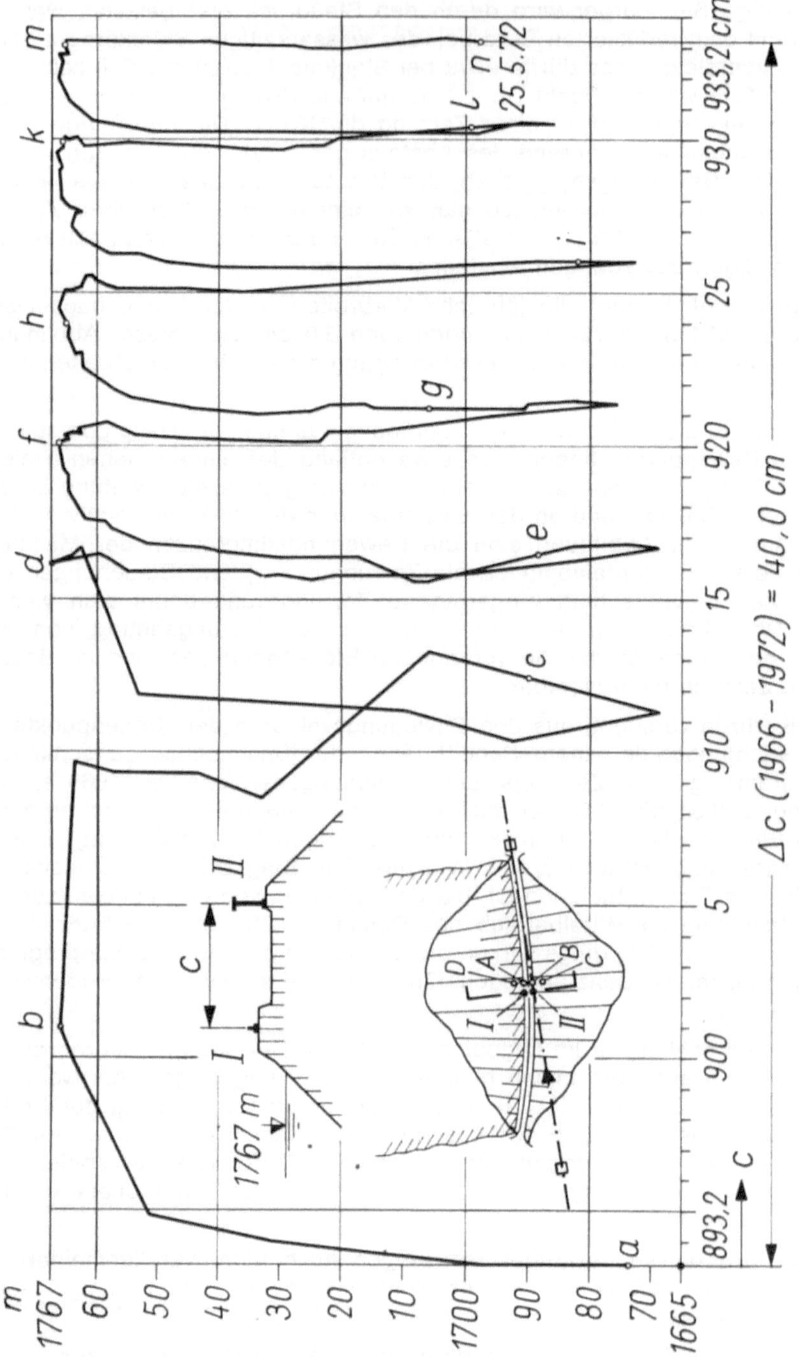

Abb. 3. Staudamm Gepatsch: Verbreiterung △ c zwischen den Kronenpunkten I und II von 1966 bis 1972

Meßtermine a bis n siehe Abb. 1

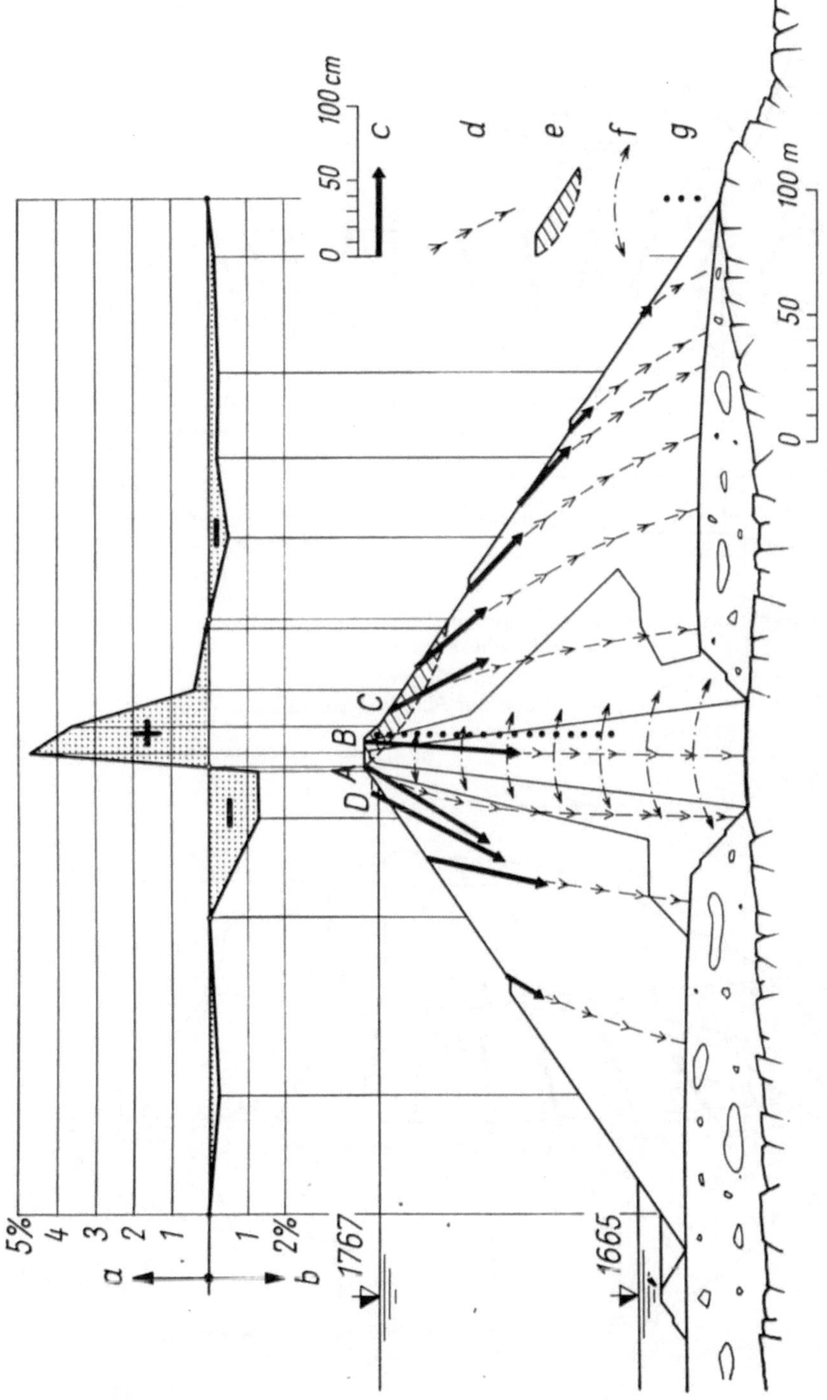

Abb. 4. Staudamm Gepatsch: Bewegungen im Hauptschnitt von 1966 bis 1972

a/b   Zerrungen/Stauchungen an der Oberfläche
c   Bewegungsvektoren
d   Bewegungsrichtungen
e   Zerrungszone
f   Bogenwirkungen
g   Null-Linie der Horizontalbewegungen

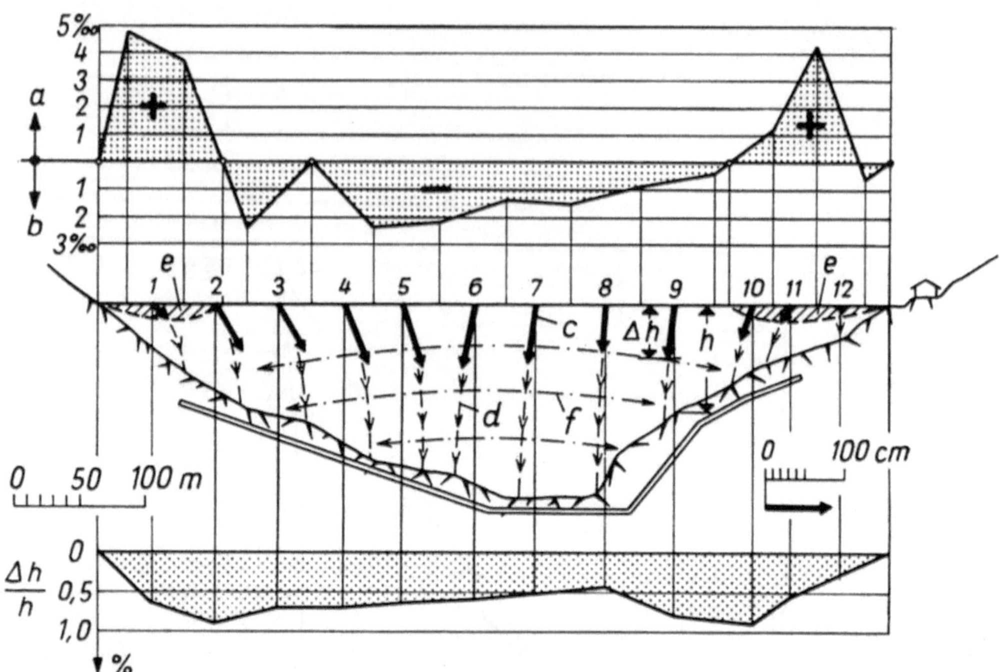

Abb. 5. Staudamm Gepatsch: Kronenbewegungen im Längsschnitt von 1966 bis 1972
a bis f siehe Abb. 4

$\dfrac{\Delta}{h}$ Setzungen (⁰/₀)   Lage der Punkte 1 bis 12 siehe Abb. 6

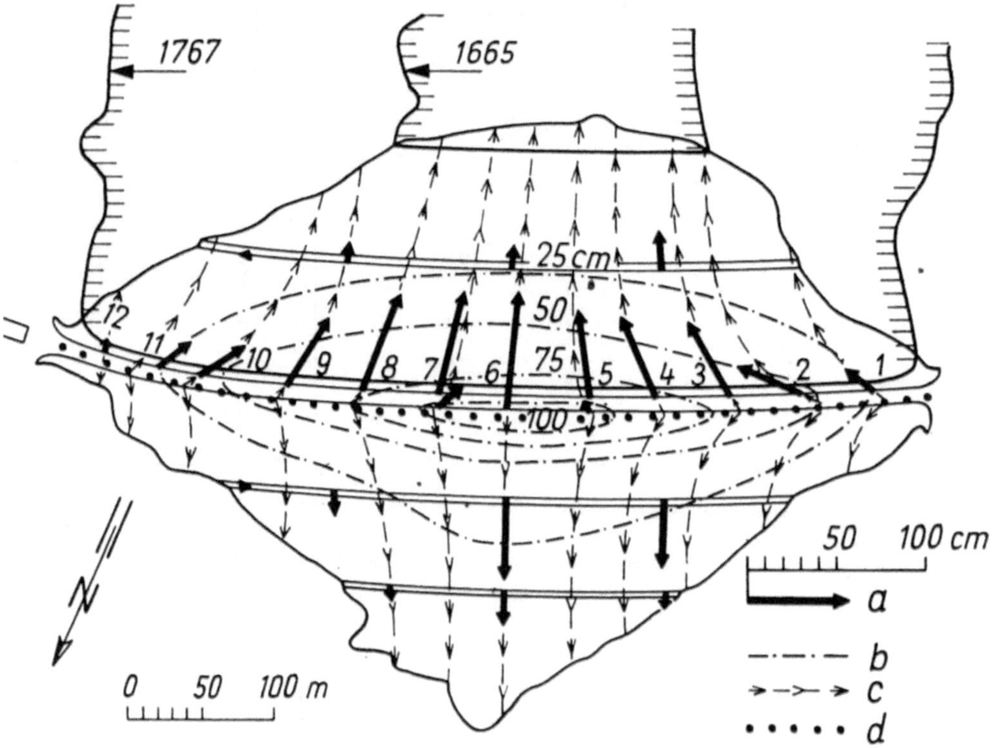

Abb. 6. Staudamm Gepatsch: Bewegungen der Dammoberfläche von 1966 bis 1972
a   Bewegungsvektoren   c   Bewegungsrichtungen
b   Linien gleicher Setzung   d   Null-Linie der Horizontalbewegungen

Kriechbewegungen überlagern und Zerrungs- bzw. Stauchungszonen entstehen. In den Zerrungszonen an der Krone können besonders bei spröden Dammbaustoffen Längsrisse im Mittelteil und Querrisse an den Flanken auftreten.

— Werden setzungsempfindliche Kerne von steifen Übergangszonen eingeschlossen, treten Lastumlagerungen infolge Silowirkung auf, die zu Fließzonen und zu einem Abreißen des Kerns führen können.

— Sättigungssetzungen und Abstausetzungen des wasserseitigen Stützkörpers rufen zumindest am Beginn der Stauperioden wasserseitige Bewegungen der Krone hervor. Die Bewegungen zur Luftseite werden vorwiegend vom luftseitigen Stützkörper ausgeführt. Sie setzen erst ein, wenn der resultierende Stau- und Erddruck der gesättigten wasserseitigen Dammhälfte den Seitendruck des Kerns überwindet.

— Zur Vermeidung von Rissen ist ein hochverdichtbarer, breiter Kern auf starrem Untergrund mit möglichst flach geböschten, stufenlosen Hängen erwünscht. Im Kronenbereich soll der Kern aus einem Material hergestellt werden, das sich schon unter geringen Spannungen rissefrei (plastisch) verformen kann.

— Krümmungen der Dammkrone sind auf das Spannungs-/Verformungsverhalten von untergeordnetem Einfluß. Eine speicherseitige Krümmung wie beim Staudamm Gepatsch hat aus geometrischen Gründen sogar den Vorteil, daß sie das dem Staudruck widerstehende Schüttvolumen vergrößert.

3. Das Projekt des Steinschüttdammes Finstertal

Die Sperrenstelle am Ausfluß eines natürlichen Karsees weist einige Besonderheiten auf. So zieht quer zum Tal ein relativ schmaler s-förmig gekrümmter Felsrücken durch; ferner fällt das Gelände wasser- und luftseitig ab und weitet sich ober- und unterwasserseitig. Der Felsuntergrund steht im allgemeinen großflächig an oder wird nur flach von Hangschutt überdeckt. Nur an der linken, dem Felsrücken vorgelagerten Flanke liegen bis 30 m mächtige, dichtgelagerte Moränen auf. Im Seebecken wurde eine bis 2 m dicke Seeschlammablagerung festgestellt. Bei den gegebenen Verhältnissen hat sich als günstigste Lösung ein Steinschüttdamm mit einer schrägliegenden Innendichtung aus bituminöser Mischung ergeben. Das Dammvolumen beträgt rund 4,4 Mill. m³, davon sind rund 3,8 Mill. m³ Steinschüttung. Der Dichtungskern von 24.000 m³ Inhalt und 36.000 m² Abdichtungsfläche erreicht mit 89 m Wasserdruckbelastung genau das Doppelte der 1971 fertiggestellten Wiehltalsperre, deren Hauptquerschnitt zum Vergleich in Abb. 8 eingetragen wurde. Wie aus den Abbildungen 7, 8 und 9 ersichtlich ist, weist der Entwurf des Finstertaldamms folgende Merkmale auf:

— Zwanglose Einfügung in die s-förmige Geländeform zur Erzielung gut tragfähiger Dammprofile.

— Anschluß der Dichtung im Kuppenbereich des Felsrückens und dadurch Ersparnis an Dichtungsfläche.

— Schräglage der Dichtung zur Ermöglichung einer steileren luftseitigen Böschungsneigung und damit Kubatureinsparung.

— Einbau des im Steinbruchbereich anfallenden, gut verdichtbaren Moränenabraums im Kern des Damms — Zone (3 c) —, so daß die Höhe der setzungsempfindlicheren Steinschüttung luftseitig auf maximal 50 m begrenzt bleibt.

— Einbau einer 3 m starken Moränenzone (2 a) wasserseitig der Bitumendichtung als zusätzliche Dichtung und als Feinkornlieferant zur Selbstheilung allfälliger

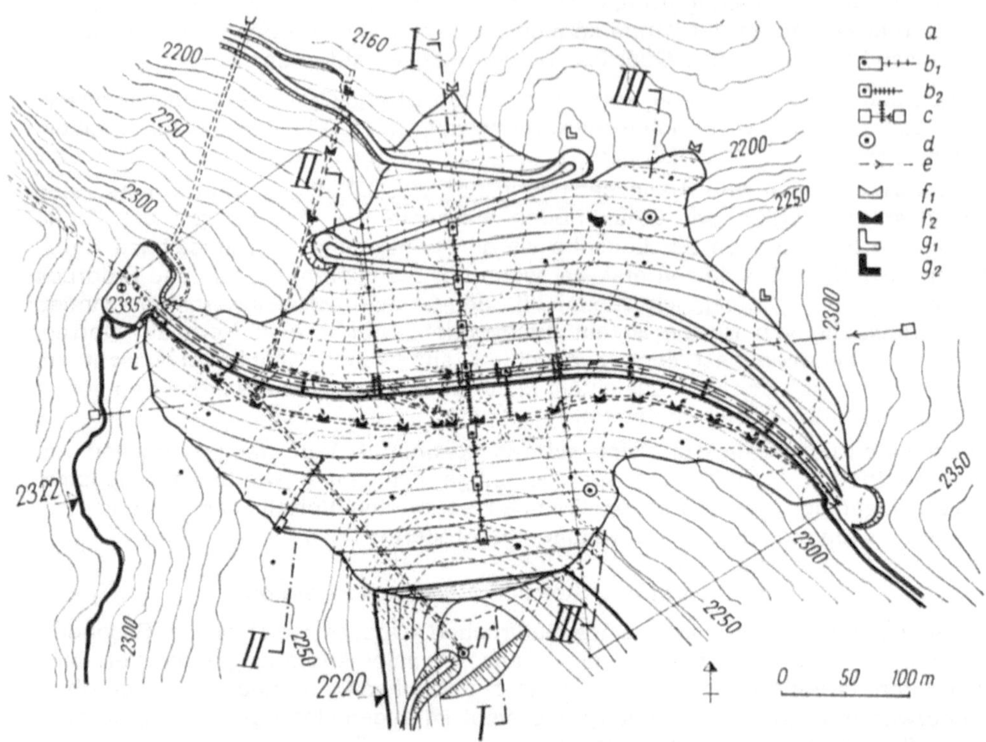

Abb. 7. Staudamm Finstertal: Lageplan mit Meßeinrichtungen
a   Oberflächenpunkte
b_1/b_2 liegende und stehende Verformungsmeßpegel
c   Alignementstrecke
d   Schwebeschacht
e   Drainageleitungen
f_1/f_2 Sickerwassermeßeinrichtungen
g_1/g_2 Piezometerbohrungen über/unter Tage
h   Triebwasser- und Grundablaßeinlauf
i   Hochwasserüberlauf

Risse. In dieser Zone können auch Injektionsbohrungen zur nachträglichen Dichtung von Rissen ausgeführt werden.

— Aufrauhung der Felsoberfläche in den Profilen mit zu den Dammfüßen abfallenden Aufstandsflächen, wie z. B. Profil III in Abb. 9 zur Erzielung eines einwandfreien Reibungskontakts.

— Bau eines Injektions- und Kontrollgangs, in dem die Sickerwassermengen in 30-m-Abschnitten zur Lokalisierung von Rissen gemessen werden können.

— Anordnung umfangreicher Verformungsmeßeinrichtungen mit Oberflächenpunkten, liegenden und stehenden Verformungsmeßpegeln und Schwebeschächten.

Für die Wahl eines Steinschüttdamms sprach neben einem außerordentlich günstigen Abbaubereich im Stauraum vor allem die mögliche Verlängerung der jährlichen Schüttperiode in dem harten Klima des Hochgebirges. Nach den Erfahrungen beim Staudamm Gepatsch [3] läßt sich Steinbruchmaterial auch bei Frosttemperaturen einwandfrei einbauen, wodurch die jährliche Einbauzeit von 5 bis 6 auf 8 bis 9 Monate verlängert werden kann. Auch der maschinelle Einbau des Bitumenkerns ist durch die steuerbare Wärmezufuhr vom Frost sowie von sonstigen Witterungseinflüssen weitgehend unabhängig und hat ferner den Vorteil, daß seine Ausführung und somit die Fertigstellung gleichzeitig mit der Dammschüttung erfolgt.

Die Stärke des Kerns beträgt an der Krone 50 cm und nimmt stufenweise nach 20 m Tiefe auf 60 cm und nach weiteren 30 m auf 70 cm zu.

Zwei Fragen müssen beim Staudamm Finstertal besonders beachtet werden:

a) Üben die an der Krone zu erwartenden Zerrungen nachteilige Einflüsse auf die Bitumendichtung aus?

b) Wird die Stabilität des Damms durch die zu den Dammfüßen abfallenden Felsaufstandsflächen, wie in Profil III der Abb. 9 nachteilig beeinflußt?

Zu Frage a muß zunächst festgestellt werden, daß Zerrungen im Kronenbereich bei dem vorhandenen, dem Staudamm Gepatsch sehr ähnlichen Bruchmaterial aus hartem Gneisgestein trotz bester Verdichtung und einer geplanten, teilweisen Vorwegnahme der Sättigungssetzung durch einen in die Bauzeit vorgezogenen Einstau des Dammfußes bis auf Felsschwellenhöhe nicht zu verhindern sind. Dadurch würde bei lotrechter Lage des Kerns die Einspannung stark vermindert oder gar aufgehoben werden. Im Fall eines zu plastischen Kernmaterials könnte eine starke Scherverformung mit Absackung der Kernkrone dann nicht ausgeschlossen werden. Neben den bereits angeführten statischen Vorteilen wurde daher auch aus diesem Grund der Kern in eine maschinell noch beherrschbare Schräglage von 1,00 (vertikal) zu 0,40 m (horizontal) gebracht, die gewährleistet, daß er sich immer auf die luftseitige Unterlage abstützen kann. Die Konsistenz des Kerns muß plastisch genug sein, den zu erwartenden Bewegungen rissefrei folgen zu können, jedoch auch steif genug, um bei reduzierter Einspannung stabil zu bleiben. Infolge der Bindekraft des Bitumenkerns werden sich allfällige Zerrisse in den angrenzenden kohäsionslosen Übergangszonen ausbilden, so daß eine Beeinträchtigung der Dichtung nicht zu befürchten ist. Durch Einrütteln der Bitumenmischung gemeinsam mit den angrenzenden Zonen wird eine ausgezeichnete Verzahnung und damit ein fließender Übergang erreicht.

Die Beantwortung der Frage b wird dadurch erleichtert, daß die Beanspruchung der abfallenden böschungsnahen Dammkörper vorwiegend durch das Eigengewicht erfolgt. Nach Messungen beim Staudamm Gepatsch [4] darf angenommen werden, daß der Staudruck weitgehend bereits in den zwei wasserseitigen Dritteln des luftseitigen Stützkörpers in den Untergrund abgetragen wird. Es kommt lediglich darauf an, in den Kontaktflächen durch entsprechende Aufrauhung eine Scherfestigkeit zu erreichen, die der des Schüttmaterials bei den geringen, in Böschungsnähe vorhandenen Spannungen gleichwertig ist. Dadurch sollen große Verformungen, die sich bis zur Krone auswirken können, vermieden werden.

Die Ausbildung der Böschungsoberfläche an der Luft- und Wasserseite soll nach dem bewährten Vorbild beim Staudamm Gepatsch erfolgen. Wie aus Abb. 10 ersichtlich, wurden teilweise Blöcke über 1,00 m³ Größe mit Kränen versetzt und die Hohlräume durch kleinere Blöcke verfüllt. Die durchgeführten Messungen haben ergeben, daß die Blockabdeckung im wesentlichen die gleichen Bewegungen wie die darunter liegende Steinschüttung ausführt und somit als fest mit dieser verbunden angesehen werden kann.

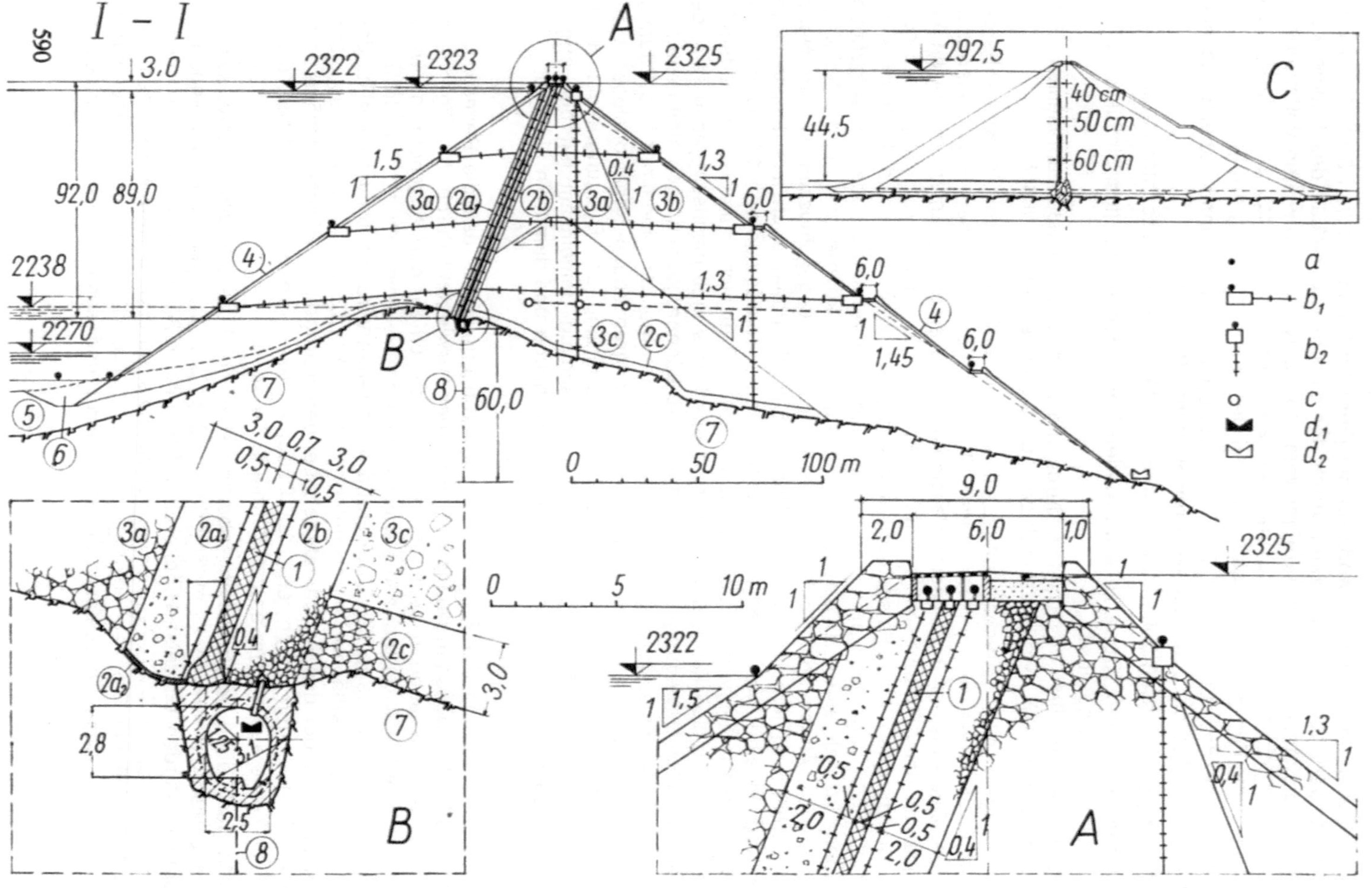

Abb. 8. Staudamm Finstertal: Hauptquerschnitt I der Abb. 7 mit Meßeinrichtungen

Dammzonen:

1	Dichtungskern (Bitumenmischung, 50, 60 und 70 cm stark)
2 a₁, a₂, b	Übergangszonen (a₁: Moräne, ϕ max. 0,2 m
	a₂: Schluffton, 10 cm stark
	b: Steinbruchmaterial, ϕ max. 0,2 m)
2 c	Drainagezone (Steinbruchmaterial, ϕ max. 0,7 m)
3 a, b, c	Stützkörperzonen (a/b: Steinbruchmaterial, ϕ max. 0,7/1,0 m
	c: Moräne, ϕ max. 0,7 m)

4 Blockabdeckung
5 Felsüberlagerung (Moräne)
6 Vorschüttung (Moräne)
7 Felsuntergrund (Schiefergneis)
8 Injektionsschirm

Meßeinrichtungen: a Oberflächenpunkte
b₁/b₂ liegende und stehende Verformungsmeßpegel
c Porenwasserdruckgeber
d₁/d₂ Sickerwassermeßstellen über/unter Tag
C Hauptquerschnitt der Wiehltalsperre

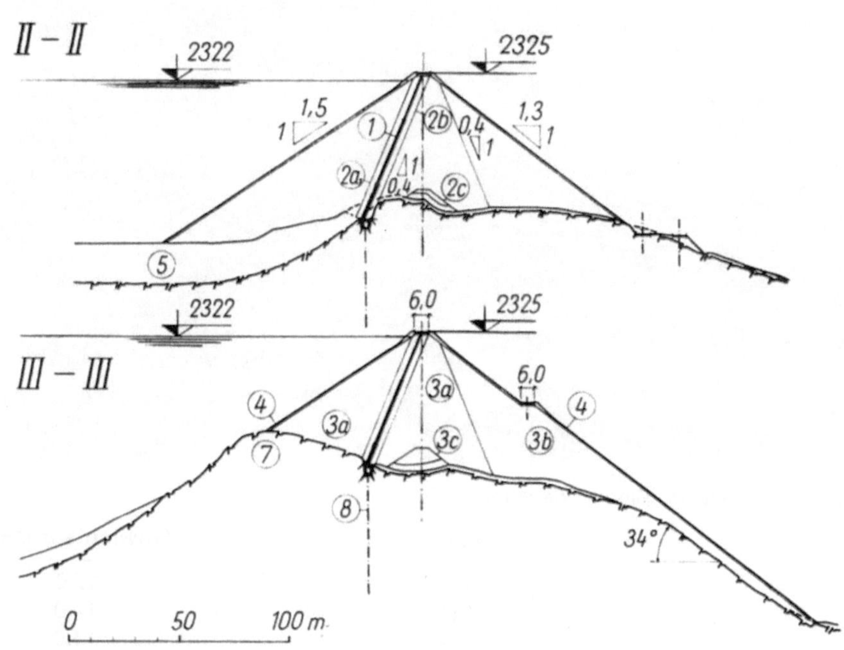

Abb. 9. Staudamm Finstertal: Nebenschnitte II und III der Abb. 7
Zonenbezeichnungen siehe Abb. 8

4. Laboratoriumsuntersuchungen

Bei der Strabag-Bau-AG in Köln wurden Eignungsprüfungen für den Bitumenkern mit den an der Sperrenstelle Finstertal vorhandenen Zuschlagstoffen ausgeführt. Die Versuchsprobe hatte folgende Zusammensetzung:

Abb. 10. Staudamm Gepatsch: Blockabdeckung

Material	mm	Gewichtsprozent
Splitt	12/18	17,0
	8/12	14,0
	5/ 8	14,0
	2/ 5	10,0
Natursand	0/ 3	17,0
Brechsand	0/ 2	20,0
Kalksteinmehl	0/0,2	8,0
Summe Mineralstoffe		100,0
Bitumen B 65		6,1
Haftmittel F$_4$		0,3

Diese Mischung erwies sich unter einem Wasserdruck von 15 atü als absolut wasserdicht. Der Anfangshohlraumgehalt na des für den nachstehenden Triaxialversuch hergestellten Probenkörpers von 30 cm Durchmesser und 80 cm Höhe betrug 2% und ermäßigte sich unter Druck auf 1%.

Mit den Triaxialversuchen sollte vor allem die Frage geklärt werden, bei welchen Hauptspannungsverhältnissen σ_3/σ_1 und welcher Querdehnung ε_3 sich bei verschiedenen Spannungsbereichen noch eine Stabilisierung (Zustand der Ruhe) einstellt.

Um bei diesen zeitraubenden Versuchen mit nur einer Probe das Auslangen zu finden, wurde wie folgt vorgegangen:

a) Vorgabe der Querdehnung ε_3,

b) Belastung der Probe (Stufenweise Steigerung der vertikalen Hauptspannung σ_1),

c) für jede Belastungsstufe Messung von σ_3, ε_1 (ε_1 = Zusammendrückung in vertikaler Richtung) und Ermittlung von n (Hohlraumgehalt),

d) Entlastung von σ_1 und σ_3 unter Vermeidung von Rückfederungen.

Der Versuch wird mit mehrmaliger Wiederholung der Phasen a bis d unter zunehmender Steigerung von ε_3 fortgesetzt. Bei einem derartigen Versuchsablauf wird in Kauf genommen, daß sich der Hohlraumgehalt n bei den Wiederholungsversuchen durch die Entlastung nicht exakt auf denselben Wert wie bei den Erstversuchen einstellt. Der Fehler ist jedoch sicher vernachlässigbar, da die Unterschiede von n unter $0,5\%$ blieben.

Das Ergebnis der Versuche ist aus Abb. 11 zu entnehmen. Es wurde für jede Laststufe σ_1 das bei der vorgegebenen Querdehnung ε_3 nach Stabilisierung der Probe gemessene Hauptspannungsverhältnis σ_3/σ_1 aufgetragen und Kurven für die Parameter von σ_1 = 2,5 und 16 kp/cm² interpoliert. Demnach hat sich die Bitumenmischung wie folgt verhalten:

— Kleine Vertikalspannungen σ_1 ergaben bei konstanter Querdehnung kleinere Hauptspannungsverhältnisse σ_3/σ_1,

— Bei ε_3 = $1,52\%$ waren unter σ_1 = 3,6 kp/cm² die σ_3/σ_1-Werte gleich Null, d. h., es wird zur Stabilisierung der Versuchsprobe kein Seitendruck benötigt.

— Zunehmende Querdehnung führt erwartungsgemäß bei konstantem σ_1 zur Abnahme von σ_3/σ_1.

— Bei zunehmendem σ_1 kann σ_3/σ_1 nur konstant gehalten werden, wenn die Querdehnung zunimmt.

Bei den Verhältnissen im Damm müssen zwei Wechselwirkungen zwischen Kern und angrenzenden Stützkörperzonen besonders beachtet werden. Die erste ist die bereits beschriebene zurückgehende Einspannung des Kerns an der Krone infolge der Zerrbewegungen. Bei einem lotrechten, zu plastischen Kern könnte, wie ebenfalls schon erwähnt, dadurch das Hauptspannungsverhältnis σ_3/σ_1 auf so kleine Werte absinken, daß ein Auseinanderfließen eintritt. Wie die Versuche zeigen, ist bei den im Kronenbereich herrschenden kleinen Spannungen von σ_1 maximal etwa 2 kp/cm² dieses Verhalten nicht zu befürchten. Bei Schräglage kann dieses Problem überhaupt ausgeschlossen werden, da sich das Kerngewicht an jeder Stelle in die Unterlage ablasten kann und gar keine großen, zum Bruch führenden Spannungen entstehen können.

Die zweite Wechselwirkung ist die einer Belastung des Stützkörpers durch einen hohen, über dem Erddruck liegenden Seitendruck eines zu plastischen, lotrechten

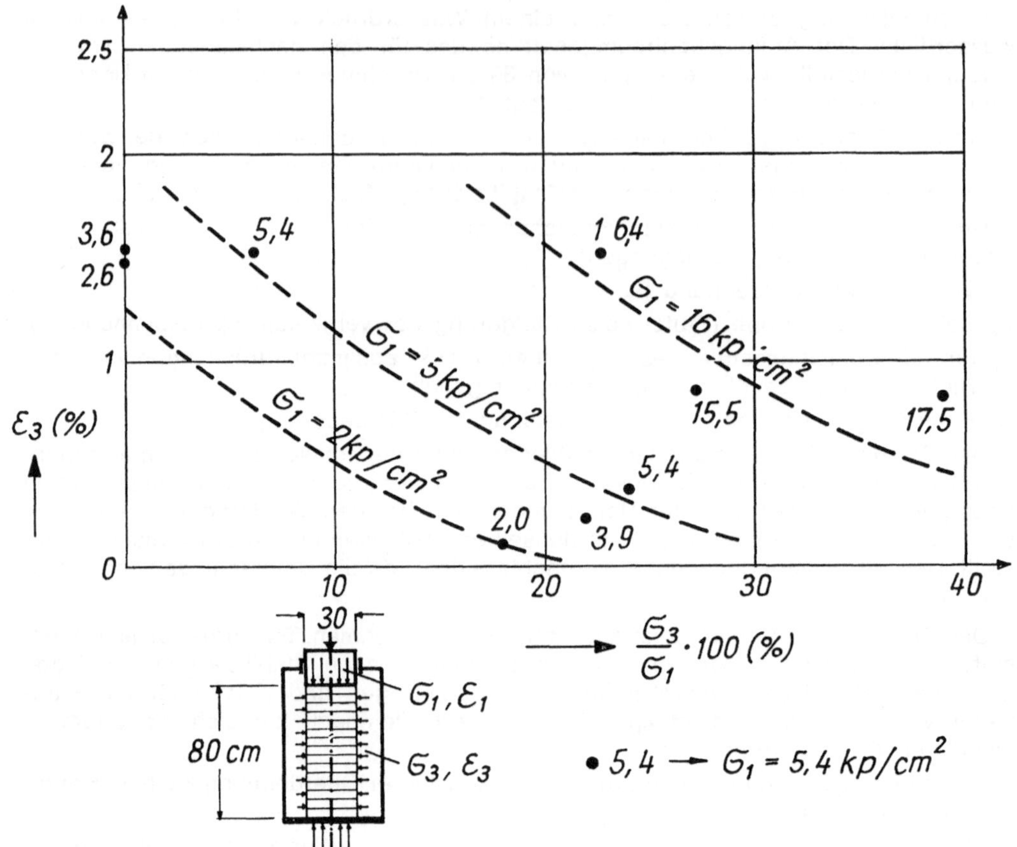

Abb. 11. Ergebnisse triaxialer Druckversuche mit der bituminösen Mischung für den Dichtungskern des Staudammes Finstertal

Bezeichnungen siehe Text
A   Schema der Triaxialzelle

Kerns. Dabei besteht die Vorstellung, daß der Stützkörper ausweicht, der Kern nachkriecht und immer wieder seinen ursprünglichen hohen Seitendruck aufbaut. Bei den geringen Abmessungen des Kerns würde dies bald zu einem Ausdünnen oder Abreißen im oberen Kernbereich führen. Nach den Versuchsergebnissen ist auch diese Entwicklung nicht zu befürchten, da selbst bei hohen σ_1-Spannungen von 16 kp/cm² und geringer Querdehnung $\varepsilon_3 = 1^0/_0$ der Seitendruck σ_3 bereits auf Werte unter 0,3 σ_1 absinkt, wie sie auch vom angrenzenden Stützkörpermaterial zu erwarten sind. Daher würde auch eine lotrechte Lage des Kerns in den tieferen Dammbereichen vollkommen unbedenklich sein. Außerdem dürfte sich der Kern bei Setzungstendenzen relativ zum angrenzenden Stützkörper auf diesen aufhängen, wodurch sich die σ_1-Spannungen auf den vom Stützkörper aufnehmbaren Seitendruck σ_3 einregeln. Bei Schräglage ist zu erwarten, daß sich der Kern ganz dem Verhalten des Stützkörpers anpaßt und somit auch keinen Fremdkörper darstellt.

Zusammenfassend kann daher gefolgert werden, daß bituminöse Mischungen nicht zuletzt auch wegen ihrer bekannten rissefreien Verformbarkeit und absoluten Dichtheit zu außerordentlich brauchbaren Dichtungsstoffen zählen. Innendichtungen sind außerdem von atmosphärischen Einflüssen geschützt, sb daß eine lange Lebensdauer gewährleistet erscheint.

5. Schlußbemerkungen

Im vorliegenden Bericht wurde versucht, die Vielfalt der Überlegungen darzustellen, die beim Entwurf eines Dammes hinsichtlich der Wahl des Dichtungselements anzustellen sind. Wenn auch eine breite Erdkerndichtung sicher die beste Lösung darstellen dürfte, so ist doch auf Grund der durchgeführten Versuche mit bituminösen Mischungen ein Material vorhanden, das zumindest bis 100 m Druckhöhe dank der bereits ausgereiften maschinellen Einbautechnik einen vollwertigen Ersatz darstellt und besonders wirtschaftliche Dammquerschnitte zuläßt.

Der Verfasser möchte sich bei der TIWAG für die Ermöglichung dieser Veröffentlichung verbindlich bedanken.

6. Zusammenfassung

Für die in Bauvorbereitung stehende Kraftwerksgruppe Sellrain—Silz der Tiroler Wasserkraftwerke AG soll ein Speicher von 60 Mill. m³ Inhalt errichtet werden. Als günstigste Lösung für das Sperrenbauwerk Finstertal hat sich ein Steinschüttdamm von 4,4 Mill. m³ Inhalt ergeben, dessen Dichtung bei einem Wasserdruck von 89 m als Schrägkern aus einer bituminösen Mischung von 50 bis 70 cm Stärke geplant ist.

Auf Grund von Betriebserfahrungen mit Steinschüttdämmen werden grundsätzliche Überlegungen über die Wahl von Dichtungselementen angestellt, und an Hand von Kriterien wurde eine Bewertung für mögliche Dichtungen gegen ca. 100 m Wasserdruck versucht. Die beste Wertung erhielt die breite Erdkerndichtung, gefolgt von der bituminösen Kerndichtung.

Zur Erläuterung des Verhaltens von hohen Steinschüttdämmen mit Kerndichtungen werden neuere Meßergebnisse vom 153 m hohen Staudamm Gepatsch besprochen. Als wichtigstes allgemeingültiges Ergebnis geht hervor, daß sich infolge Sättigungs- und Abstausetzungen des wasserseitigen Stützkörpers die Dammkrone zumindest am Beginn der Stauperioden generell gegen die Staudruckrichtung zur Wasserseite bewegen muß. Die luftseitige Bewegung wird in der Hauptsache vom luftseitigen Stützkörper ausgeführt, während der wasserseitige zurückbleibt. Dadurch entstehen Zerrungen an der Krone, die ungefährliche Längsrisse hervorrufen können. Die Messungen zeigen auch, daß sich die Kriechbewegungen von den Hängen zur Talmitte mit denen von der Dammkrone zu den Dammfüßen überlagern. Für einen Einfluß der wasserseitigen Krümmung des Dammes sind aus den Messungen keine Hinweise gegeben.

Bei der Besprechung des Entwurfs für den Steinschüttdamm Finstertal wird besonders auf zwei Fragen eingegangen. Es sind dies die zu erwartenden Zerrbewegungen an der Krone und die Auswirkung von flach überschütteten steilen Felsböschungen im Gründungsbereich.

Während die Lösung der ersten Frage durch Schräglage des Bitumenkerns erreicht wird, wird zur Lösung der zweiten eine gute Verzahnung mit den Felsböschungen als notwendig erachtet.

Bei der 1 : 1,3 geneigten luftseitigen Oberflächenabdeckung der Steinschüttung ist ebenfalls eine gute Verzahnung der Blöcke mit der Unterlage erforderlich.

Mit einer Probe von 30 cm Durchmesser und 80 cm Höhe wurde die für den Kern des Staudammes Finstertal vorgesehene bituminöse Mischung im Triaxialgerät untersucht und festgestellt, daß bei allen, selbst bei einem lotrechten Kern im Dammkörper zu erwartenden Spannungs- und Verformungsverhältnissen ein stabiler Zustand zu erwarten ist.

Bituminöse Innendichtungen sind daher als außerordentlich brauchbare Dichtungselemente anzusehen.

Literatur

[1] Lauffer H., Schober W.: Investigations for the Earth Core of the Gepatsch Rockfill Dam with a Height of 150 m (500 ft.). 7th Congress on Large Dams, Rome 1961, R. 92, Q. 27, as well as contribution to question 27 by H. Lauffer.

[2] Lauffer H., Schober W.: The Gepatsch Rockfill Dam in the Kauner Valley. 8th Congress on Large Dams, Edinburgh 1964, R. 4, Q. 31, as well as contribution to question 31 by H. Lauffer.

[3] Neuhauser E., Wessiak W.: Placing of the Shell Zones of the Gepatsch Rockfill Dam in Winter, 9th Congress on Large Dams, Istanbul 1967 r. 30, Q. 35.

[4] Schober W.: Behaviour of the Gepatsch Rockfill Dam. 9th Congress on Large Dams, Istanbul 1967, R. 39, Q. 34, as well as contribution to question 34 by W. Schober.

[5] Schober W.: The Inferior Stress Distribution of the Gepatsch Rockfill Dam. 10th Congress on Large Dams, Montreal 1970, R. 10, Q. 36 sowie in H. 18 der Schriftenreihe „Die Talsperren Österreichs" (in deutsch).

[6] Breth H.: Der derzeitige Stand des Staudammbaus. Wasserwirtschaft 62 (1972), 1/2.

[7] Marsal R. J., Ramirez de Arellano L.: Eight Years of Observation at el Infiernillo Dam. Purdue Conference, 1972.

[8] Kjaernsli B., Torblaa J.: Leakage through Horizontal Cracks in the Core of Hyttejuvet Dam. Norwegian Geotechnical Institute, Publication No. 80, Oslo 1968.

[9] Vaughan P. R., Kluth D. J., Leonhard M. W., Pradura H. M.: Cracking and Erosion of the Rolled Clay Core of Balderhead Dam and the Remedial Works Adopted for its Repair. 10th Congress on Large Dams, Montreal 1970, R. 5, Q. 36.

[10] Casagrande A.: Hohe Staudämme. Mitteilungen des Instituts für Grundbau und Bodenmechanik, Technische Hochschule Wien, H. 6, 1965.

[11] Tayler H., Morgan G. C.: Measures Taken to Limit the Possible Development of Cracks in a High Earthfill Dam. 10th Congress on Large Dams, Montreal 1970, R. 40, Q. 36.

3.2 Schüttdämme mit Asphaltbetonkerndichtung Erfahrungen und neuere Versuchsergebnisse

(Bericht R 45)

Ing. K. Rienößl, Tauernkraftwerke AG, Salzburg

1. Einleitung

Der ständig steigende Energiebedarf zwingt heute die Planer von Kraftwerksanlagen, diese an Stellen zu errichten, an denen vor einigen Dezennien eine Realisierung nicht möglich erschien. Für die Durchführung dieser Arbeiten ist es daher unumgänglich notwendig, neue Baumethoden zu überlegen, denn nur dadurch wird es möglich, z. B. bei Hochdruckanlagen, Absperrbauwerke mit wirtschaftlichen Mitteln ausführen zu können.

Die Tauernkraftwerke AG errichtete in den Jahren 1965 bis 1971 im Zillertal die Zemmkraftwerke. Dabei handelt es sich um eine zweistufige Kraftwerksanlage, die von den Gletschern des Schlegeisgrundes bis in den Ort Mayrhofen reicht. Der Ausbauplan sah die Ausnutzung des Stillup-, Floiten-, Zemm-, Schlegeis- und Zamserbaches vor (Abb. 1). Der Speicher für die Unterstufe und das Unterwasser-

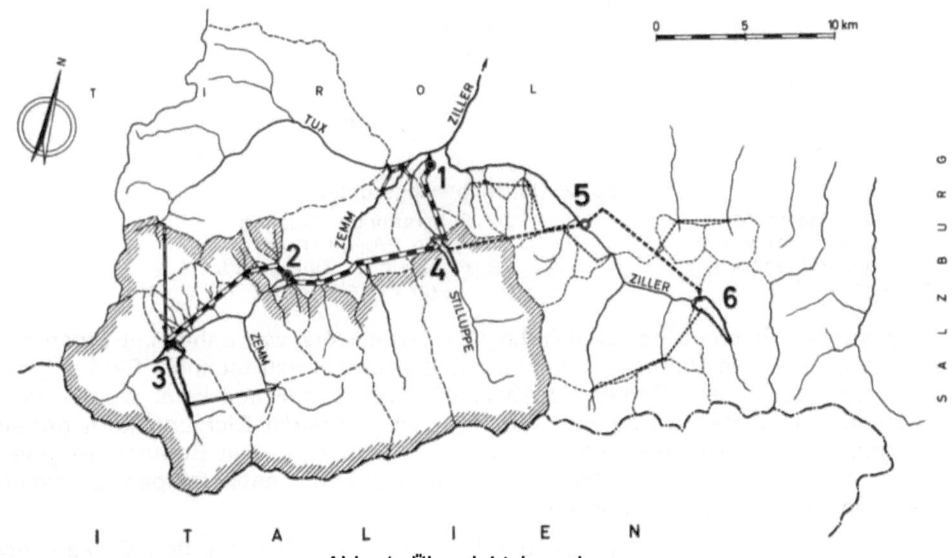

Abb. 1. Übersichtslageplan

1 Krafthaus Mayrhofen
2 Krafthaus Roßhag
3 Speicher Schlegeis
4 Speicher Stillup

5 Krafthaus Häusling
(in Projektierung)
6 Speicher Zillergründl
(in Projektierung)

bzw. Pumpbecken für die Oberstufe dieser Kraftwerksanlage ist der Stillupspeicher. Die Lage des Absperrbauwerkes für diesen Speicher war aus topographischen Gründen und im Zusammenhang mit dem Kraftwerk Roßhag der Höhe nach in sehr engen Grenzen vorbestimmt (Abb. 2).

Die an der ausgewählten Stelle in Angriff genommenen Sondierungen zeigten bald, daß die geologischen und bodenmechanischen Voraussetzungen nicht gerade

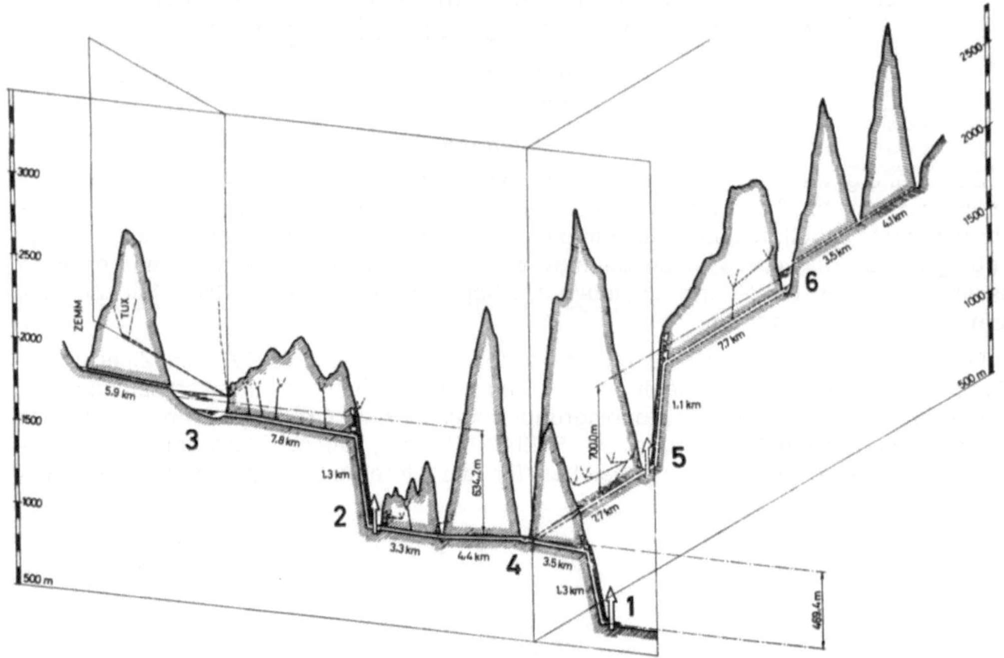

Abb. 2. Übersichtslängsschnitt

1 Krafthaus Mayrhofen
2 Krafthaus Roßhag
3 Speicher Schlegeis
4 Speicher Stillup

5 Krafthaus Häusling
  (in Projektierung)
6 Speicher Zillergründl
  (in Projektierung)

günstig waren. Für das rund 28 m hohe Absperrbauwerk war daher mit erheblichen Aufwendungen für die Untergrunddichtung und Gründung zu rechnen. Eindeutig war, daß nur ein geschütteter Damm als Abschlußbauwerk in Frage kam. Wegen der zu erwartenden Setzungen wurde ein Dammtyp mit zentralem Dichtungskern gewählt. Wirtschaftliche Überlegungen führten dazu, an Stelle eines mit Bentonit vergüteten Erdkerns erstmals einen Asphaltbetonkern auf einem sehr nachgiebigen, zusammendrückbaren Untergrund auszuführen.

Die Untersuchungen zeigten, daß der Einbauwassergehalt für den Erdkern etwa 10%, d. s. 2% über dem optimalen Wassergehalt, betragen hätte müssen. Aus den Voruntersuchungen ergab sich ein natürlicher Wassergehalt von etwa 15%, so daß für die 150.000 m³ Kernmaterial mit erheblichen Trocknungskosten gerechnet werden mußte. Diese speziellen Gegebenheiten verteuerten die Erdbetonvariante so erheblich, daß entsprechend der weit fortgeschrittenen Entwicklung auf dem Gebiet des Asphaltbetons der Asphaltbetonvariante der Vorzug gegeben werden konnte.

Die Böschungsneigungen des Dammes betragen auf der Wasserseite 1 : 1,75 bis 1 : 2,5 und auf der Luftseite 1 : 1,75 bis 1 : 2. Die Krone auf Höhe 1124,00 m, das ist 4 m über dem Stauziel, wurde mit 6 m Breite ausgeführt (Abb. 3). Der Nutzinhalt des Speichers Stillup bei einem Stauziel auf Kote 1120,00 m und einem Absenkziel auf Kote 1106,00 m beträgt 6,5 hm³.

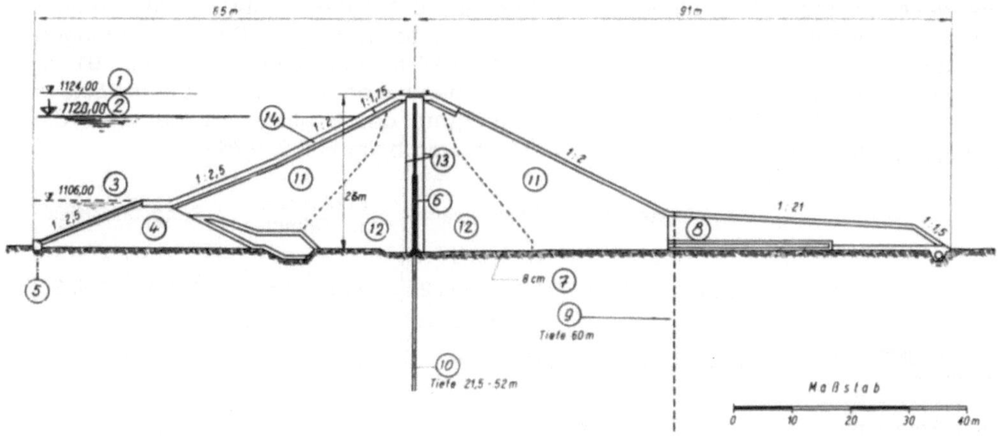

Abb. 3. Vertikalschnitt

1	Kronenhöhe	8	Druckbank
2	Stauziel	9	Entspannungsbrunnen
3	Absenkziel	10	Schlitzwand
4	Fangedamm	11	Stützkörpermaterial, unsortiert
5	Herdmauer	12	Stützkörpermaterial, sortiert, $\emptyset$ 200 m
6	Asphaltbetonkern	13	Filterzone
7	Asphalt-Dichtungsteppich	14	Steinschüttung

Die Arbeiten für die Schüttung des Dammes begannen im Jahr 1967 und wurden Mitte August 1968 abgeschlossen. In diesem Zeitraum wurden insgesamt 790.000 m³ Hangschutt in die Stützkörper des Dammes eingebaut. Der Asphaltbeton für den Dichtungskern wurde mit 7,5 Gewichtsprozent Bitumen B 300 hergestellt. Insgesamt wurden 16.500 t Asphaltbeton in den Dichtungskern eingebaut. Über diese Arbeiten und die Eignungs- und Güteprüfungen wurde im Beitrag Q. 36, R. 15, 1970 in Montreal berichtet [1].

Aus den vor Baubeginn durchgeführten Sondierungen (27 Bohrungen mit mehr als 1000 m Gesamtlänge) ergab sich folgendes vereinfachtes Bild des Aufbaus der Talzuschüttung: Der gewachsene Fels steht an den Talflanken unter geringster Bedeckung an. Er fällt an beiden Talseiten mit etwa 60⁰ sehr steil ein und wurde in der Talmitte in mehr als 100 m Tiefe nicht erbohrt. Die sehr tiefe Felsrinne ist mit kiesig-sandigen Bachanlandungen aufgefüllt. Gegen die Talränder zu ist die alluviale Talauffüllung mit Hangschuttmassen verzahnt, und am Talrand herrschen sehr wasserdurchlässige, blockreiche Einstreuungen vor. Die Bachanlandungen werden in der Talmitte von einer im Mittel rund 20 m dicken Schluffsandschicht überlagert, die aber an den Talrändern fehlt. Die Körnungsbänder zeigen, daß sich diese Schluffsande aus einer sehr unregelmäßig wechselnden Folge von Schluff und Feinsandschichten zusammensetzen. Aus diesen Ergebnissen war zu erkennen, daß eines der Probleme der Gründung des Dammes in den Setzungen liegen wird. Erste Überschlagsrechnungen ergaben bereits zu erwartende Setzungsbeträge von knapp 1 m.

2. Erfahrungen

Die Setzungsberechnung wurde mit Hilfe der Finite Element Method (FEM) vorgenommen. Auf Grund der Kenntnisse der Gründungsverhältnisse und der Beobachtungen am Beginn der Bauarbeiten wurden die Kennwerte für den Damm, die Schlitzwand und den Untergrund variiert und 2 Grenzfälle untersucht.

Die wesentlichsten Materialkennziffern sind aus der Tabelle (Abb. 4) zu ersehen. Mit diesen Annahmen ergaben sich zufolge Auflast durch die Dammschüttungen Setzungen in der Dammachse beim Fall 1 von 1,14 m und beim Fall 2 von 1,91 m. 40 m luft- und wasserseits der Dammachse betrugen die entsprechenden Werte 0,82 m und 1,10 m. In 23 m Tiefe, das ist die Unterkante der Schlitzwand, betrugen die Setzungen in der Dammachse beim Fall 1 0,63 m und beim Fall 2 0,76 m.

	Schüttmaterial		Dichtungswand		Schluffsand in Talmitte		Sand und Kies	
	Fall 1	Fall 2	Fall 1	Fall 2	Fall 1	Fall 2	Fall 1	Fall 2
Verformungsmodul (kp/cm²)	1000	130	400	130	140	80	400	400
Innerer Reibungs- winkel (Grad)	37	37	37	37	28	28	37	37
Porosität (%)	25	25	25	25	36	36	25	25

Fall 1: Obere Grenze der Verformungsmodule — zu erwartende Setzungen am kleinsten.
Fall 2: Untere Grenze der Verformungsmodule — zu erwartende Setzungen am größten.

Durch Kontrollen während der Schüttzeit und in den nach Bauende hergestellten 6 Tiefenpegeln wurde das Setzungsverhalten des Untergrunds überprüft. Bis Ende 1968 wurde in Talmitte eine Setzung von 2,2 m festgestellt (Abb. 5). Davon traten

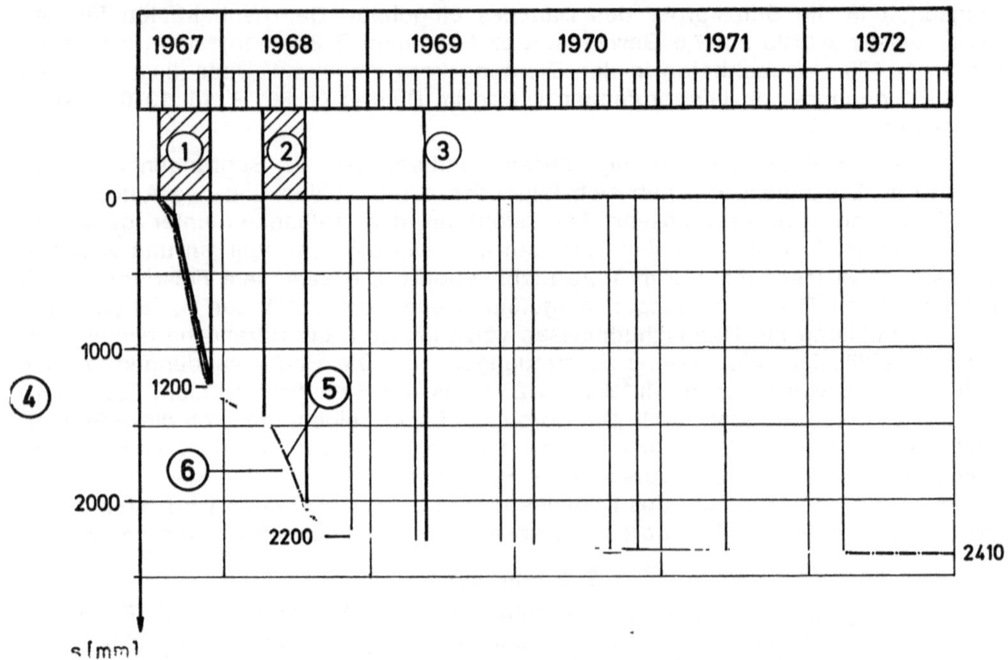

Abb. 5. Maximale Setzungen des Untergrunds

1, 2 Damm-Schüttperioden   5 Gerechnete Setzungen
3 Staubeginn   6 Gemessene Setzungen
4 Setzungsmaßstab

1,20 m während der Schüttperiode 1967, in der knapp $^2/_3$ der Kubatur geschüttet wurden, auf. Von November 1968 bis März 1970 betrug die Nachsetzung 8 cm und vom März 1970 bis März 1972 nur mehr 4 cm. 40 m luftseits der Dammachse (gemessen bei den Entspannungsbrunnen) betrug die Setzung im November 1968 0,65 m, davon waren am Ende der Schüttperiode 1967 bereits 0,41 m festzustellen. Die Nachsetzung von November 1968 bis März 1970 betrug 4 cm und von März 1970 bis März 1972 nur mehr 1 cm.

Für die Auswertung von Verformungsmessungen an Lockerböden muß bekanntlich nicht nur die Lastabhängigkeit der Verformungen, sondern auch deren Zeitabhängigkeit berücksichtigt werden. Für die Erfassung dieses Zeiteinflusses und des Anteils der plastischen Verformung an der Gesamtverformung wurden verschiedene rheologische Modelle entwickelt, von denen hier der Ansatz von Kelvin in der bereits angepaßten Form,

$$S(t) = \frac{F_\sigma}{V}(1 - e^{-\alpha \cdot t})$$

mit S = Setzung, V = mittlerer Verformungsmodul, F_σ = Spannungsfläche und α = Zeitfaktor für die weiteren Untersuchungen, gewählt wurde. Bei den Auswertungsversuchen zeigte sich bald, daß zur vollständigen Erklärung des Setzungsverhaltens auch eine Zeitabhängigkeit für die auf den Untergrund wirkenden Spannungen berücksichtigt werden muß, da sich teils durch die Untergrundverformungen, teils durch die Dammschüttung Spannungsumlagerungen im Dammkörper ergeben, die ebenfalls einen Einfluß auf die Setzungen des Untergrundes ausüben. Für die endgültige Deutung des Setzungsverhaltens ergab sich also folgende Grundgleichung:

$$S_V(t) = \frac{1}{V} \sum_{t_i = 0}^{t_i = t} \triangle p \cdot b \cdot \chi \cdot [(1 - e^{-(t - t_i)/T_1}) + \varphi (1 - e^{-(t - t_i)/\tau})]$$

In dieser Grundgleichung sind 2 Kennwerte, die sich aus den Anlageverhältnissen ergeben, enthalten.

$\triangle p_{(t_i)}$ .... Belastungs- bzw. Spannungszuwachs

$b_{(t_i)}$ ... Belastungsbreite

t ...... betrachteter Zeitpunkt

t_i ..... Zeitpunkt der Laständerung

Ferner ein Einflußwert χ, der sich aus der Theorie der Setzungen in einer elastischen Schicht auf starrer Unterlage ergibt und schließlich die 4 Parameter für die Charakterisierung des Untergrundes:

V_S .... Verformungsmodul

φ .... Kriechzahl

T_1 .... Parameter für den Zeiteinfluß auf die Spannungen

τ .... Parameter für den Zeiteinfluß auf die Setzungen

Aus den Messungen wurde der lastabhängige mittlere Verformungsmodul für den Untergrund, und zwar $\sim$ 100 kp/cm² für das erste Schüttjahr, 200 kp/cm² für das zweite Schüttjahr und 300 kp/cm² für den Zeitraum nach Fertigstellung des Dammes, rückgerechnet. Mit diesen Werten ergeben sich folgende Parameter:

$$\varphi = 0{,}25, \quad T = 1{,}45 \text{ Monate und } \tau = 36 \text{ Monate}$$

Die so ermittelte zeitabhängige Setzungskurve ergibt als Endwert 241 cm etwa im Jahr 1978.

Ein Vergleich mit einer ähnlichen Auswertung beim Staudamm Durlaßboden, bei der die Parameter mit

$$\varphi = 0{,}319, \quad T = 0{,}75 \text{ Monate und } \tau = 36 \text{ Monate}$$

ermittelt wurden, zeigt, daß sich diese Werte nicht wesentlich von den auf Eberlaste ermittelten unterscheiden. Führt man die Werte vom Durlaßboden in die Setzungsberechnung für den Eberlastedamm ein, so ändern sich die erhaltenen Werte nur um einige Zentimeter; der Endwert beträgt 2,44 m und unterscheidet sich nur um 1%.

Dieses Berechnungsverfahren gestattet daher, bei Fundierung von Dämmen auf alpinen, alluvialen Talauffüllungen die für den Asphaltbeton wichtigen Verformungen zufolge des Untergrundes abzuschätzen.

Während des Staubetriebs seit Mai 1969 wurden bei Speicherfüllungen Hebungen festgestellt. Dabei handelt es sich um elastische Verformungen des Untergrunds in der Größenordnung von 1 cm, die durch die Gewichtsdifferenz zufolge des Auftriebs hervorgerufen wurden.

Es war naheliegend, zu versuchen, auf Grund der tatsächlich gemessenen Setzungsbeträge nach Schüttende die Untergrundverhältnisse zu analysieren. Verschiedene Lastfälle wurden mit Hilfe der FEM durchgerechnet. Durch Annahme eines anisotropen Verformungsverhaltens der Kiessande, und zwar mit Verformungsmodulen von 400 kp/cm² für die vertikale und 100 kp/cm² für die horizontale Richtung, erhält man eine maximale Setzung von 2,12 m gegenüber 1,91 m beim Fall 2 und kommt damit der Wirklichkeit schon sehr nahe (Abb. 6).

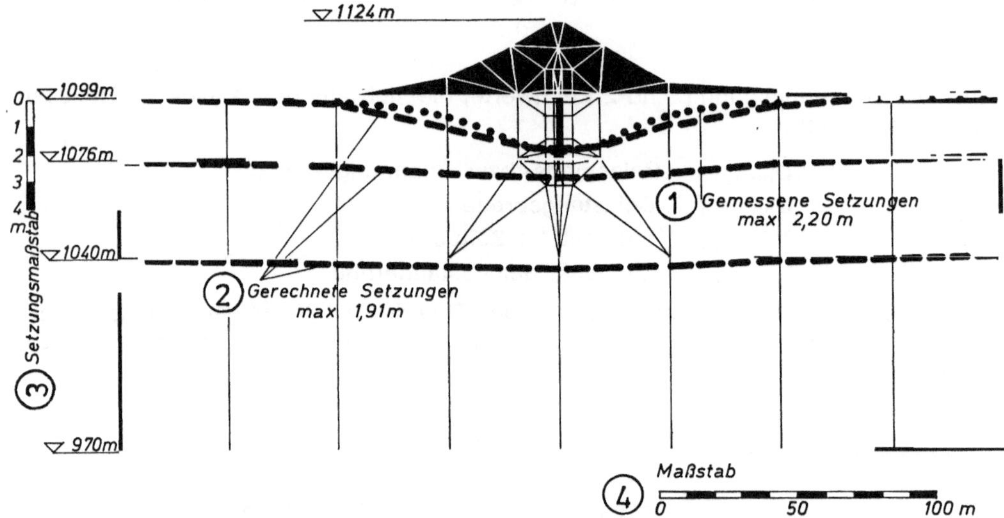

Abb. 6. Vergleich der gerechneten mit den gemessenen Setzungen nach Bauende

1 Gemessene Setzungen   3 Setzungsmaßstab
2 Gerechnete Setzungen   4 Maßstab

Überraschend war, daß die Abnahme der Setzungen gegen die Talflanken nicht allmählich, sondern im Bereich einiger Zehnermeter von 2,00 m auf 0,30 m erfolgte. Aus dieser sehr schroffen Abnahme der Setzungsbeträge sind ganz erhebliche Schubbeanspruchungen im Asphaltbetonkern aufgetreten. Luftseits des Asphaltbetonkerns ist im Dammkörper keine spezielle Einrichtung vorgesehen, um eventuelles Sicker- oder Undichtwasser durch den Asphaltbetonkern zu messen, da am luftseitigen Ende der Druckbank eine Sammeldrainage angeordnet wurde, in die das Wasser aus den Entspannungsbrunnen und aus der Sickerschicht unterhalb des luftseitigen Stützkörpers und der Druckbank fließt. Durch Vergleich der Wassermengen aus den einzelnen Entspannungsbrunnen mit der gemessenen Summenwassermenge dieser Sammeldrainage ist zu ersehen, daß trotz dieser erheblichen Verformungsbeträge der Asphaltbetonkern bisher alle Deformationen schadlos, d. h. ohne Beeinträchtigung der Dichtigkeit, mitgemacht hat, da keinerlei meßbare Wassermengendifferenzen zwischen den Einzelmessungen und den Summenmessungen feststellbar sind.

Die Genauigkeit der Wassermengenmessung luftseitig des Dammes liegt bei einigen l/s, wobei die Summe bei Vollstau 125 l/s beträgt.

Für einen ordnungsgemäß hergestellten Asphaltbetonkern kann auf alle Fälle mit einem oberen Grenzwert $k = 1 \cdot 10^{-9}$ m/s gerechnet werden. Der Asphaltbeton ist damit praktisch dicht. Für die ca. 9000 m² große Fläche des Asphaltbetonkerns errechnet sich daraus eine Durchsickerung bei einem mittleren Gefälle $i = 20$ von 2 l/s. Die Summenmessung mit der gegebenen Genauigkeit reicht daher aus, um mit genügender Sicherheit die Dichtigkeit der Asphaltbetonmembrane nachzuweisen. Bei der Art des Einbaus waren keine örtlich begrenzten Undichtheiten — etwa in den Arbeitsfugen — zu befürchten. Durch mehrere Kernbohrungen im Asphaltbeton wurde dies während der Herstellung bestätigt.

3. Versuchsergebnisse und Projektierung

Es ist nicht verwunderlich, daß es bisher fast keine Untersuchungen über das Verformungsverhalten von Asphaltbetonmischungen unter sehr großen Spannungen gibt. Die bisher ausgeführten Dämme mit Asphaltbetonkern sind nur einige 10 Meter hoch, und dementsprechend sind auch die Vertikalspannungen nicht besonders groß.

In dem Moment aber, als nach den guten Erfahrungen bei kleineren Höhen an die Ausführung von Kerndichtungen an Höhen von 100 m und darüber gedacht wurde, war auch der Wunsch des Projektanten selbstverständlich, Einblick in das komplizierte Zusammenspiel von Spannungen und Verformungen zu gewinnen [2]. Für das Dreistoffgemisch (Zuschlagstoff, Bitumen und Luft) gibt es eine große Anzahl von Eignungsuntersuchungen als Baustoff für den Straßenbau und als Außenhautdichtung. Einige dieser Erkenntnisse haben auch für die Kerndichtung Gültigkeit. Dabei handelt es sich um Eigenschaften wie Wasserdichtheit, Erosionsfestigkeit, Scherfestigkeit usw.

Gemeinsam mit der Fa. Strabag, Köln, wurden von der Tauernkraftwerke AG vor kurzem Triaxialversuche mit Asphaltbeton mit sehr hohen Vertikalspannungen (bis 40 kp/cm²) ausgeführt. Ziel dieser Versuche war nicht so sehr die Ermittlung von Festigkeitseigenschaften (Scherparameter), sondern Beziehungen zwischen Normalspannungen, Seitendrücken und den dazugehörigen Verformungen zu erhalten. Da beim Asphaltbetonkern weniger die Frage der zulässigen Beanspruchung, sondern die der zulässigen Deformation, die noch die geforderte Wasserdichtheit der

Probe gewährleistet, interessiert, wurden auch die Versuche in diese Richtung geleitet. Es gibt bereits einige Versuchsergebnisse, die zeigen, daß z. B. bei verhinderter Querdehnung der Seitendruck σ_3 im Triaxialversuch etwa bis 70% von σ_1 ansteigt. Selbstverständlich ist bei den dabei eintretenden Deformationen keine Beeinträchtigung der Dichtigkeit zu bemerken, da die Verformungen nur zu einer Volumenabnahme entsprechend einer Verringerung des Hohlraumgehalts führen. Bei zugelassenen Querverformungen sinkt der Seitendruck etwa auf jene Werte ab, wie sie in der Bodenmechanik erhalten werden. Allerdings wurden diese Versuche nur mit verhältnismäßig kleinen Werten von σ_1 ausgeführt. Die konkrete Aufgabenstellung der hier beschriebenen Versuche war daher, Relationen von σ_1, σ_3 sowie ε_1, ε_3 zu finden und jene Grenzen festzulegen, bis zu denen die Wasserdichtigkeit gewährleistet ist.

Der Belastungsvorgang wurde aber nicht, wie bisher meistens üblich — Reduktion von σ_3 bei konstantem σ_1, bis entweder der Bruch oder unzulässige Auflockerungen auftreten — vorgenommen, sondern in Anlehnung an die Verhältnisse bei der Dammherstellung durch die Steigerung der Vertikalspannung σ_1 bei möglichst gleichmäßigen Verformungen des Probekörpers durchgeführt. Für verschiedene Querverformungen sollten die zugehörigen Seitendrücke bestimmt werden. Die Versuchstemperatur betrug ca. 10^0 C, dies entspricht etwa der oberen Grenze der Temperatur, die bei unseren klimatischen Verhältnissen im Dammkörper eintreten können.

Die Versuche wurden an zylindrischen Probekörpern mit einem Durchmesser von 30 cm und einer Höhe von 80 cm vorgenommen. Sie wurden in einem hydraulisch zu belastenden geschlossenen Triaxialdruckgerät ausgeführt, bei dem der Belastungskolben einen ϕ von 120 mm aufweist. Durch die Größe des Probekörpers ist auch ein verhältnismäßig großes Wasservolumen im Versuchsgerät bedingt ($\sim$ 130 l). Um die Kompressibilität des Wassers und der eventuell eingeschlossenen Luft sowie die Aufweitung des Versuchsgeräts zu kompensieren, wurde ein Zusatzkolben angeordnet, der es gestattet, diese Faktoren synchron mit dem Druckanstieg in der Flüssigkeit auszuschalten. Von dieser Möglichkeit wurde bei jeder einzelnen Druckstufe in der ersten Zeit der großen Verformungen Gebrauch gemacht.

Jede Druckstufe beim Versuch wurde so lange gehalten, bis der Seitendruck σ_3 konstant blieb und die Vertikalverformung unter 1/100 mm pro Stunde sank.

Bei der Entlastung wurde der Seitendruck σ_3 abgebaut und der Vertikaldruck σ_1 so reduziert, daß dabei die Probe keine Längenänderung erfuhr, d. h., ε_1 blieb konstant. Es zeigte sich, daß, obwohl σ_3/σ_1 während 1 bis 2 Tage 0 war und σ_1 zwischen 2 und 8 kp/cm² schwankte, praktisch keine Querverformung eintrat, d. h., ε_3 blieb ebenfalls nahezu konstant.

Bei dieser Art von Versuchsdurchführung ist der Einfluß der Erstbelastung deutlich zu erkennen. Bei der Wiederbelastung verhielt sich die Probe bis zu den bei der Erstbelastung erreichten Spannungen vollkommen verschieden von der Erstbelastung, um nach Überschreiten dieser Spannungen an die Spannungsdehnungsfunktion der Erstbelastung anzuschließen. Der Verformungsmodul bei der Erstbelastung nimmt von 400 kp/cm² bei kleinen Werten von σ_1 auf 900 kp/cm² für σ_1 $\rangle$ 30 kp/cm² zu. Bei der Wiederbelastung war ein Verformungsmodul von 3000 kp/cm² festzustellen. (Abb. 7.)

Ein ähnliches Ergebnis ist auch bei den Querverformungen festzustellen. Das Seitendruckverhältnis nimmt bei kleinen Spannungen σ_1 ($\langle$ 8 kp/cm²) für einen linearen Anstieg von ε_3 bei der Erstbelastung stetig ab, um für höhere Spannungen

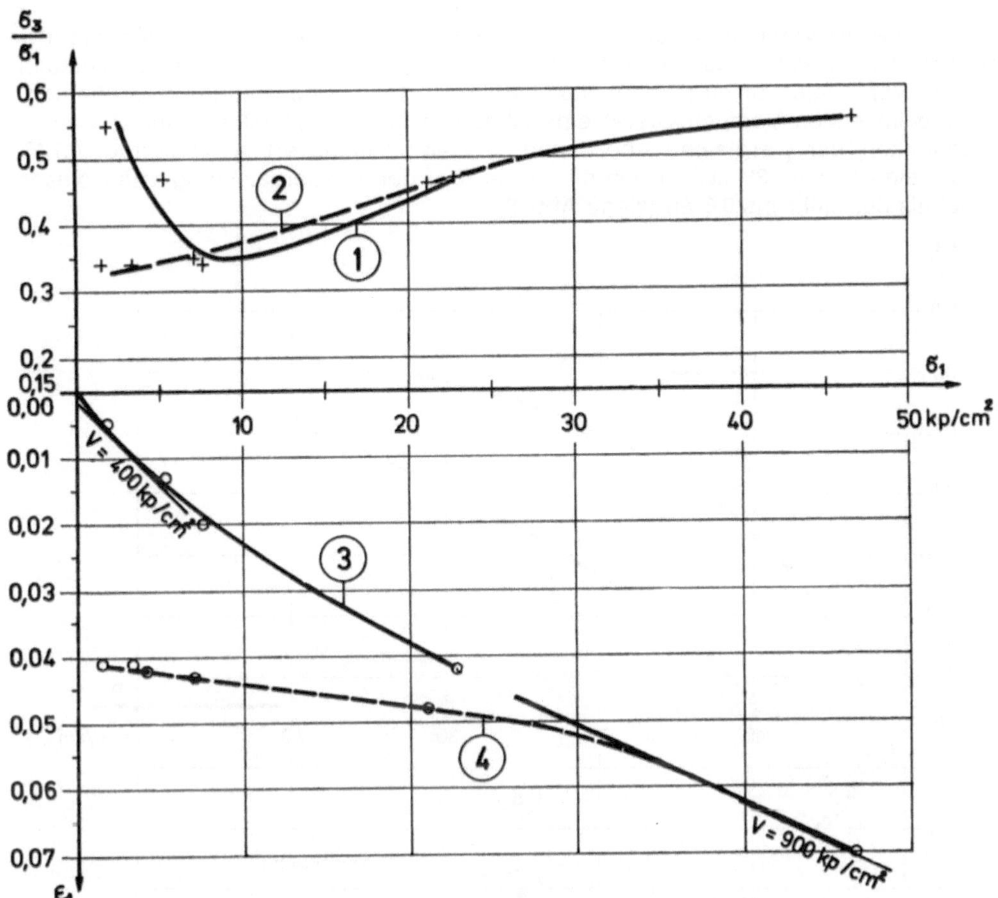

Abb. 7. Seitendruck und Spannungs-Dehnungsbeziehung, 1. Triaxialversuch
1   Erstbelastung   2   Wiederbelastung

($>$ 10 kp/cm²) wieder etwa linear anzusteigen. In dem Bereich größerer Spannungen von σ_1 ist kein Unterschied zwischen der Erst- und Zweitbelastung im Seitendruckverhältnis feststellbar.

Beim Ausbau der Probe konnte festgestellt werden, daß sich der Probekörper nicht auf die gesamte Höhe gleichmäßig verformte. Wahrscheinlich bedingt durch die Reibung an den Stirnflächen der Probe war eine deutliche Ausbauchung in Probenmitte festzustellen. Der tatsächliche Endwert von ε_3 betrug nicht 2,8%, wie aus der Veränderung des Wasservolumens errechnet wurde, sondern ca. 7%.

Für die weiteren Versuchsreihen wurden kleinere Querverformungen ins Auge gefaßt. Aus versuchstechnischen Gründen wurde ein kleineres Triaxialgerät (Probengerät: H = 30 cm, D = 12 cm) verwendet. Durch Mastixüberzug an den Stirnflächen wurde die Reibung verringert, um so weit als möglich eine ähnliche Ausbauchung des Probekörpers wie beim ersten Versuch zu verhindern. Zufolge der kleineren Versuchsabmessung konnte auch der Einfluß der Kompressibilität des Wassers oder der eingeschlossenen Luft vernachlässigt werden.

121

Beim zweiten Versuch wurde die Querverformung für die Erstbelastung mit 1% begrenzt. Vom Beginn des Versuchs an wichen die Ergebnisse vom ersten Versuch ab. Das Verhältnis von $\sigma_3 : \sigma_1$ bei steigendem σ_1 zeigt eine stetige Vergrößerung, während im ersten Versuch zuerst eine Abnahme und anschließend eine Zunahme zu bemerken war (vergleiche Abb. 7 und 8). Der Maximalwert $\sigma_3 : \sigma_1$ beträgt 0,725, der bei einem $\sigma_1 = 38$ kp/cm² erzielt wurde. Bei der Wiederbelastung stieg dieses Verhältnis nur mehr bis 0,6 an (siehe Abb. 8).

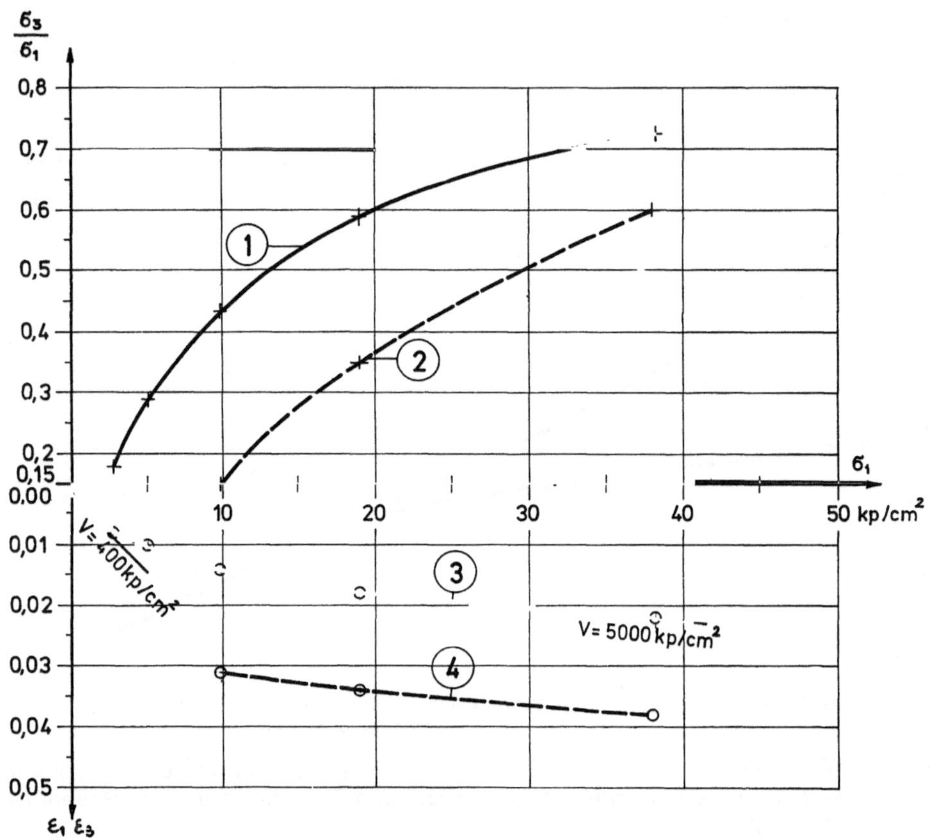

Abb. 8. Seitendruck und Spannungs-Dehnungsbeziehung, 2. Triaxialversuch
1 Erstbelastung   2 Wiederbelastung

Durch die stark behinderte Querverformung wurden scheinbar sehr hohe Verformungsmodulen erreicht. Die Werte stiegen von 400 kp/cm² am Versuchsbeginn bis 5000 kp/cm² beim Versuchsende (Abb. 8). Auch hier zeigt sich ein deutlicher Unterschied zum ersten Versuch. Bei Betrachtung der Verformungsmodule von Erst- und Wiederbelastung ist beim zweiten Versuch kein Unterschied feststellbar. Die Spannungs- und Dehnungsbeziehung ist um die plastische Deformation der Erstbe- und Erstentlastung parallel verschoben.

Der nach Versuchsende ausgebaute Probekörper wurde in Scheiben geschnitten; dabei konnte im Innern keine Auflockerung festgestellt werden. Der Hohlraumgehalt betrug im Innern 1,2%, der Mittelwert für die gesamte Probe lag ebenfalls bei 1,2%.

Trotz der vorgeschriebenen Maßnahmen zur Verhinderung einer ungleichmäßigen Querverformung wurde wieder eine Ausbauchung der Probe festgestellt. Die Abweichungen der Querverformungen betrugen ca. ± 1,5% vom errechneten Wert.

Die weiteren Versuche werden zeigen, ob das Verhalten im ersten oder zweiten Versuch als repräsentativ für den Asphaltbeton anzusehen ist. Der Verfasser neigt aber eher dazu, dem zweiten Versuch eine größere Aussagekraft zuzuordnen. In der Abb. 9 wird der Versuch unternommen, aus den Versuchsergebnissen Zusammenhänge von σ_1, σ_3 : σ_1 und ε_3 abzuleiten.

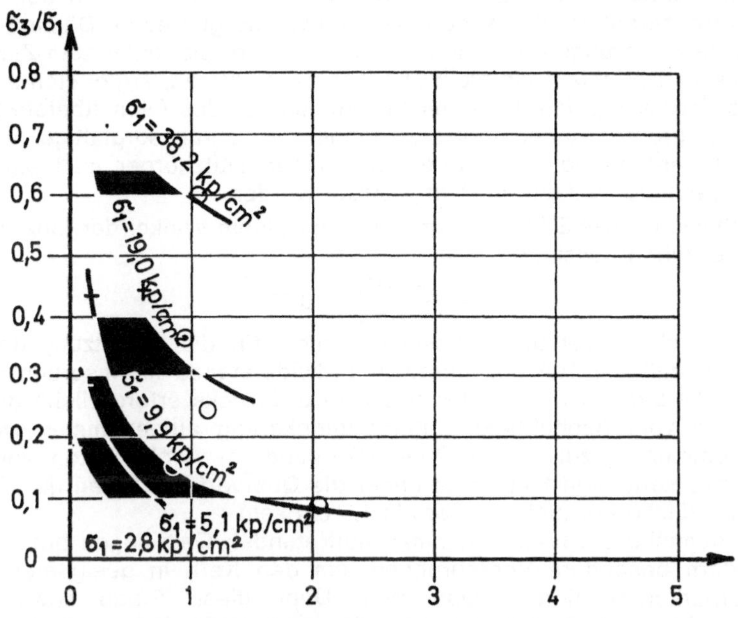

Abb. 9. Querverformung — Belastungskurve

Für eine Verringerung der Querverformung von 1% auf 0,3% steigt für kleine Vertikalspannungen (10 kp/cm²) das Verhältnis von σ_3/σ_1 von 0,12 auf 0,3, während für große Vertikalspannungen (38 kp/cm²) die Zunahme nur von 0,6 auf 0,72 eintritt. Man sieht daraus, daß die Veränderung der Querverformung sich bei kleinen Spannungen relativ wesentlich stärker auf das Verhältnis von σ_3/σ_1 auswirkt als bei großen Normalspannungen.

In diesem Zusammenhang soll nicht unerwähnt bleiben, daß diese Ergebnisse zunächst selbstverständlich nur für das verwendete Mischungsverhältnis Gültigkeit haben. Wie sich Änderungen in der Kornzusammensetzung, im Bitumengehalt, im Füllergehalt und in der Bitumensorte auswirken, wäre noch zu untersuchen.

Frühere Versuche, bei denen Probekörper Biege- und Schubverformungen unterworfen wurden [3], zeigten, daß ein richtig zusammengesetzter Asphaltbeton sehr große Deformationen schadlos mitmacht. Die bei diesen Versuchen erzielten oder erzwungenen Geschwindigkeiten der Formänderungen liegen im Vergleich zu den in der Natur bei der Dammherstellung zu erwartenden sicher auf der ungünstigeren Seite. Die Beobachtungen beim Erddamm Eberlaste, dessen Kerndichtung durch die sehr große Untergrundsetzung sicherlich großer Schub- und Biegebeanspruchungen ausgesetzt war, bestätigen diese Laborergebnisse. Daraus kann abgeleitet werden, daß die Kerndichtung gegen Deformation im Untergrund verhältnismäßig unempfindlich ist.

Für das Verhalten des Asphaltbetons durch Querverformungen im Dammkörper können aus den Erfahrungen von Eberlaste keine Schlüsse gezogen werden. Zufolge der geringen Höhe und guten Verdichtung der inneren Zonen der Stützkörper betrugen die Bewegungen im Dammkörper nur wenige Zentimeter. Messungen an der Dhünntalsperre zeigten, daß das Verformungsverhalten von Kern und Stützkörper recht gut aufeinander abgestimmt werden kann [4]. Damit ist auch der Dichtungserfolg des Kerns garantiert. Wie schon einmal erwähnt, gibt es für Dämme von 100 m und mehr keine Erfahrungen. Aus den Laborversuchen, die leider zum Zeitpunkt der Abfassung dieses Berichts noch nicht abgeschlossen waren, ergibt sich aber bereits eindeutig die Forderung, daß der seitlichen Abstützung des Asphaltbetonkerns durch die Stützkörper größtes Augenmerk zuzuwenden ist. Durch sorgfältige Auswahl des Materials und Verdichtung der inneren Zonen der Stützkörper muß ein möglichst großer Erdwiderstand (Seitendruck) angestrebt werden.

Für ein kohäsionsloses Stützkörpermaterial mit einem Winkel der inneren Reibung von 40^0 ist die Ruhedruckziffer

$$\lambda = \frac{1 - \sin^2\varphi}{1 + \sin^2\varphi} = 0,42$$

Diese Größe reicht aber unter Umständen nicht für die Abstützung des Asphaltbetons aus, so daß ein Teil des passiven Erdwiderstands in Anspruch genommen werden muß. Die zur Aktivierung des passiven Erddrucks erforderliche geringfügige Bewegung muß vom Asphaltbeton ohne Auflockerung aufgenommen werden. Bei einer angenommenen, zulässigen Querverformung im Asphaltbeton von 3% und einer Dicke des Kerns von 1 m dürfte daher die Querverformung an der Grenzfläche Asphaltbeton/Stützkörper nicht größer als 1,5 cm sein.

Die in Kronennähe bei hohen Dämmen auftretenden Dehnungen quer zur Dammachse erfordern besondere Vorkehrungen, um den Kern in geeigneter Weise auf die Stützkörperkonstruktion abzustimmen. Über diese Frage sowie über die Situierung des Kerns im Dammquerschnitt (lotrecht oder schräg) soll aber in diesem Aufsatz nicht eingegangen werden.

4. Zusammenfassung

Im vorliegenden Artikel werden die Meßergebnisse beim 28 m hohen Erddamm Eberlaste, vor allen Dingen die großen Setzungen von 2,3 m hinsichtlich ihres Einflusses auf die Asphaltbetonkerndichtung, untersucht. Der Asphaltbetonkern erwies sich, wie auch nach den Laborversuchen zu erwarten war, als sehr geeignet, erzwungene, relativ große Schub- und Biegeverformungen mitzumachen. Neuere Versuche im Triaxialgerät mit hohen Vertikalspannugen ergaben Anhaltspunkte für die Projektierung von Dämmen großer Höhe (> 100 m) mit Asphaltbetonkerndichtung. Die Frage der seitlichen Abstützung des Kerns gewinnt bei zunehmender Dammhöhe an Bedeutung.

Literatur

[1] Kropatschek, Rienößl: The Vertical Asphaltic Concrete Core of Earth-fill Dam Eberlaste of the Zemm Hydro-electric Scheme. Q 36, R 15, 1970 Montreal.

[2] Lohr, Feiner: Asphaltic Concrete Blankets and Cores for Fill Dams and Pumped-Storage Reservoirs. Q 36, R 39, 1970 Montreal.

[3] Zichner, Haas: Über die Entwicklung von Asphaltdichtungen für außergewöhnliche Beanspruchungen. Strabag Publications, 7th, Series No 1.

[4] Breth: Messungen an einem Damm mit Asphaltbetonkern. Strabag Publications, 7th, Series No 1.

3.3 Asphaltbetondichtung der Ausgleichsbecken Rifa, Partenen und Latschau

(Bericht R 46)

Dipl.-Ing. G. Innerhofer, Vorarlberger Illwerke AG, Bregenz

Die Vorarlberger Illwerke AG haben im Zuge des Wasserkraftausbaues der oberen III in den Jahren 1965 bis 1969 das 252 MW-Speicherkraftwerk Kops gebaut. Für den Ausgleich des Unterwassers war das Ausgleichbecken Rifa, Nutzinhalt 670.000 m³, zu erstellen und das bestehende Ausgleichbecken Partenen zu vergrößern. Beide Becken erhielten eine Oberflächendichtung aus Asphaltbeton, das Becken Partenen zum Teil als Deckschicht über eine bestehende, aber weitgehend zerstörte Betonauskleidung.

Der vorliegende Bericht befaßt sich mit dem Aufbau und der Ausführung der Dichtung und berichtet über die Betriebserfahrung der ersten Jahre. Im besonderen werden dabei jene Details behandelt, wo kleinere Schäden Anlaß waren, nach Verbesserungen zu suchen. Weiters wird über die derzeit in Ausführung stehende Oberflächendichtung des Staubeckens Latschau, das ist das Oberbecken des 270 MW-Pumpspeicherbeckens Rodund II, berichtet.

Abb. 1. Ausgleichbecken Rifa

1. Oberflächendichtung in den Becken Rifa und Partenen

In der Sohle des Ausgleichbeckens Rifa stehen gut durchlässige und standfeste alluviale Schotter an. Der natürliche Grundwasserspiegel liegt unter der Beckensohle. Es war daher die Ausführung eines besonderen Drainagesystems nicht erforderlich. Die Schotter konnten nach dem Abwalzen mit den Einbau- und Verdichtungsgeräten befahren werden, ohne daß sich Eindrückungen ergaben. Kleinere Sandlinsen wurden ausgekoffert.

Abb. 2. Staubecken Latschau während der Bauausführung

Die Dichtungsschicht aus Asphaltbeton in der Sohle ist einlagig und 6 cm stark. Sie liegt auf einer nur etwa 3 cm starken, die Oberfläche der anstehenden Schotter ausgleichenden und stabilisierenden Bitumensandschicht. Dank der günstigen Untergrundverhältnisse konnte auf die sonst meist übliche Binderschicht aus Asphaltgrobbeton verzichtet werden.

Die größte Höhe des Umschließungsdammes beträgt 18 m, die Böschungsneigung an der Wasserseite beträgt 1 : 1,7.

Der Damm ist aus gut standfestem, aber wenig durchlässigem Murschutt geschüttet. Untergeordnet war Felsausbruch aus der Kraftwerkskaverne verfügbar, der auch nach dem Einbau und der Verdichtung durchlässig blieb. Er wurde dort eingebaut, wo die Beckenbegrenzung dem Berghang vorgeschüttet ist und wo nur eine leistungsfähige Drainageschicht eine hinreichende Sicherheit für die schadlose Ableitung von austretenden Bergwässern bieten kann.

Im Bereich der freistehenden Dämme wurde auf eine besondere Drainageschicht verzichtet. Es wurde aber von der Asphaltbetonunterschicht eine entsprechende Durchlässigkeit gefordert. Diese wurde durch entsprechenden Aufbau im Sandbereich bei einer Bindemittelbeigabe von 4,5% erreicht. Die Schicht kann als Binder- wie als Filter- und Drainageschicht angesprochen werden.

An der wasserseitigen Böschung wurde auf den roh profilierten Erdkörper ganzflächig gegattertes Material, 0—60 mm, 10 cm stark aufgetragen, die Oberfläche mittels Rüttelwalzen verdichtet und mit Teer stabilisiert. Die daraufliegende Asphaltbetonunterschicht ist 6 cm stark. Die Dichtungsschicht ist insgesamt 8 cm stark und wurde in 2 Lagen mit je 4 cm aufgebracht.

Die Mischgutzusammensetzung wurde auf Grund eingehender Vorversuche festgelegt. Diese sind mit den tatsächlich verwendeten Zuschlagsstoffen und Bindemitteln im Laboratorium der ausführenden Firma durchgeführt worden. Um die Haftung zwischen dem Bitumen und den vorwiegend kristallinen Zuschlagsstoffen zu verbessern, wurde in der Unterschicht hydraulischer Kalk beigegeben. Der Asphaltbeton wurde mit Fertigern eingebaut und mit Rüttelwalzen verdichtet. Um das Haften des Mischguts an den Verdichtungsgeräten zu verhindern, wurden diese mit Dieselöl besprüht. Offensichtlich geht das Dieselöl an der Oberfläche mit dem Bitumen eine Verbindung ein, die das Entstehen einer glatten Oberfläche begünstigt. Nach dem Verdampfen des Dieselöls wird diese Schicht wieder hinreichend hart.

Es wurde größter Wert auf die genaue Einhaltung der Rezeptur und auf eine einwandfreie Verdichtung gelegt.

Der vertikale Ausrundungsradius an der Sohle beträgt 3 m, der Ausrundungsradius an der Böschungskrone 1 m, die Bauwerksanschlüsse sind aus der Abb. 3 ersichtlich.

Längs des Böschungsfußes ist eine Ringdrainage aus Betonrohren angeordnet, an die die durchlässige Unterschicht der Böschungsauskleidung anschließt.

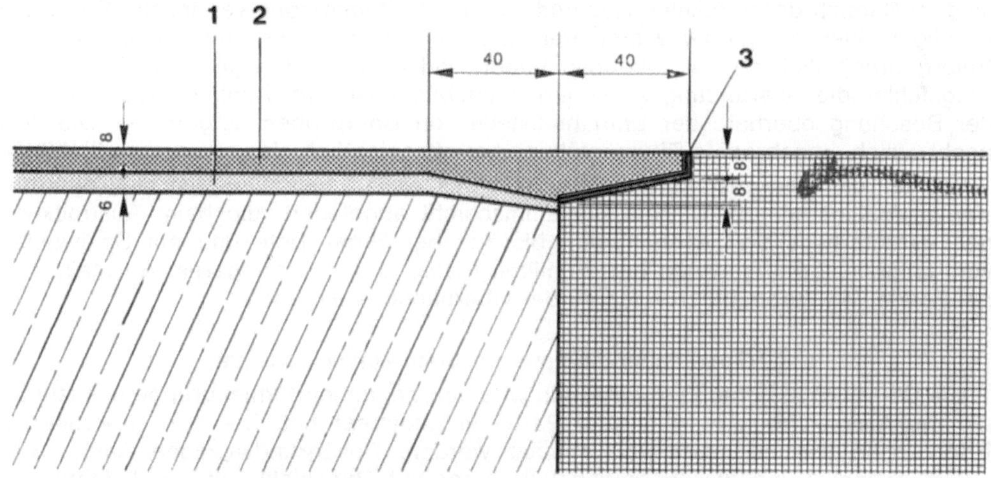

Abb. 3. Dichtungsanschlüsse an Betonbauwerke

1 Unterschicht aus Asphaltbeton bzw. Bitumensand
2 Dichtungsschicht aus Asphaltbeton
3 Dauerplastischer Kitt

Die Oberflächendichtung im Ausgleichbecken Partenen ist ähnlich wie in Rifa ausgeführt. Die Unterschicht in der Böschung liegt zum Teil unmittelbar auf der bestehenden Betonauskleidung und hat wie in Rifa die Aufgabe, allfällige Leckwässer schadlos abzuleiten. Größere Fehlstellen im Beton wurden teils mit Spritzbeton, teils mit Mischgut ausgebessert. Die Böschungsneigung beträgt 1 : 2.

2. Betriebserfahrung

In beiden Becken hat sich bis jetzt die Oberflächendichtung gut bewährt. Die Becken sind praktisch dicht; die Wasserverluste liegen unter der meßbaren Grenze. Die Stabilität an den Böschungen ist gewährleistet, eine sichtbare Beanspruchung durch Eisangriff ist nicht eingetreten. Ebenso ist keine Oxydation feststellbar.

Es sind jedoch die nachstehend beschriebenen, untergeordneten Schäden aufgetreten:

In den ersten 2 Jahren traten an den Böschungen vereinzelte Blasen auf, wie sie auch bei zahlreichen anderen Becken mit einer zweilagigen Dichtungsschicht beobachtet werden [2]. Deren Entstehung ist darauf zurückzuführen, daß es neuerdings gelingt, die Dichtungsschicht nicht nur wasser-, sondern auch dampfdicht herzustellen. Die Verdampfung von Einschlüssen zwischen den beiden Lagen muß somit zu Blasen führen. Obwohl in den entnommenen Bohrkernen die Kontaktfläche zwischen den Lagen nicht erkennbar ist, bildet diese offensichtlich doch eine potentielle Trennfläche. Bei den Einschlüssen kann es sich um Feuchtigkeit, Dieselöl oder auch organische Substanzen handeln. Tatsächlich wurden im Kern einiger Blasen kleine Holzstückchen gefunden. Eine Anhäufung von Blasen ist im Becken Partenen in einem Bereich des Böschungsfußes aufgetreten, in dem sich beim Einbau eine Dieselschlämme angesammelt hat. Zum Unterschied zu anderen Becken ist in Rifa und Partenen die Tendenz der Blasenbildung mit der Zeit aber nicht zunehmend, sondern offensichtlich stark abnehmend.

Wie vorerwähnt, ist die Stabilität an den Böschungen im allgemeinen gut. Dennoch sind im Bereich der vertikalen Ausrundung an der Dammkrone vereinzelte Risse, die im allgemeinen nicht über 2 mm breit und mehrere mm tief sind, aufgetreten. Sie treten vornehmlich an den Südböschungen und dort, wo infolge kleinerer Ausführungsfehler die Ausrundung zu scharf ausgebildet ist, auf. Ähnliche Risse sind in der Böschung oberhalb der Entnahmestelle von Bohrproben aufgetreten. Die dort nachträglich eingebrachte Bitumenfüllung hat offensichtlich eine zu geringe Stabilität.

Ein Teil der Beckensohle liegt oberhalb des Absenkziels. Dort hat sich eine nur wenige Millimeter starke, feine Schlammschicht abgelagert, die beim Austrocknen den darunterliegenden Asphaltbeton bis zu über 1 cm Tiefe und mit Spaltweiten von einigen mm aufgerissen hat. Ähnliche Risse, aber in geringerem Ausmaß, sind am Rande von Farbmarkierungen an der Oberfläche entstanden.

3. Oberflächendichtung im Staubecken Latschau

Die Oberflächendichtung in Latschau wird von derselben Firmengruppe ausgeführt, die die Ausgleichbecken Rifa und Partenen gedichtet hat. Die dort gewonnenen Erfahrungen können somit voll genutzt werden. Der grundsätzliche Aufbau der Oberflächendichtung wurde beibehalten, aber mit Rücksicht auf die Erfahrungen von Rifa mit nachstehenden Änderungen:

Die Dichtungsschicht an der Böschung wird ebenfalls 8 cm stark, aber einlagig ausgeführt. Das entspricht der derzeit allgemein üblichen Ausführungsart, die den Vorteil des größeren Wärmevolumens in der stärkeren Schicht während der Verdichtung hat und die Ursachen der Blasenbildung weitgehend vermeidet. Diese Entwicklung ist dadurch ermöglicht, daß in letzter Zeit die Replastifizierungsgeräte für die Arbeitsfugen wesentlich verbessert worden sind und daß die Fugenanschlüsse nunmehr einwandfrei beherrscht werden. Die Gefahr, daß infolge von Mischfehlern durchlässige Stellen entstehen, die bei der einlagigen Dichtung nicht mehr überdeckt werden, wird allgemein für gering erachtet und dieser Nachteil in Kauf genommen.

Um die Gefahr von Rissebildung an der Krone herabzusetzen, wurde der Ausrundungsradius vergrößert und der Abschluß gemäß Abb. 4 ausgebildet. Die ehemalige Trennfläche wird nunmehr vermieden.

Es ist bekannt, daß verschiedene Fehlschläge im Asphaltbetonbau auf die schlechte Haftfähigkeit des verwendeten Bitumens mit dem Zuschlagsstoff zurückzuführen sind. Eine gute Haftfähigkeit ist besonders bei sauren Zuschlagsstoffen,

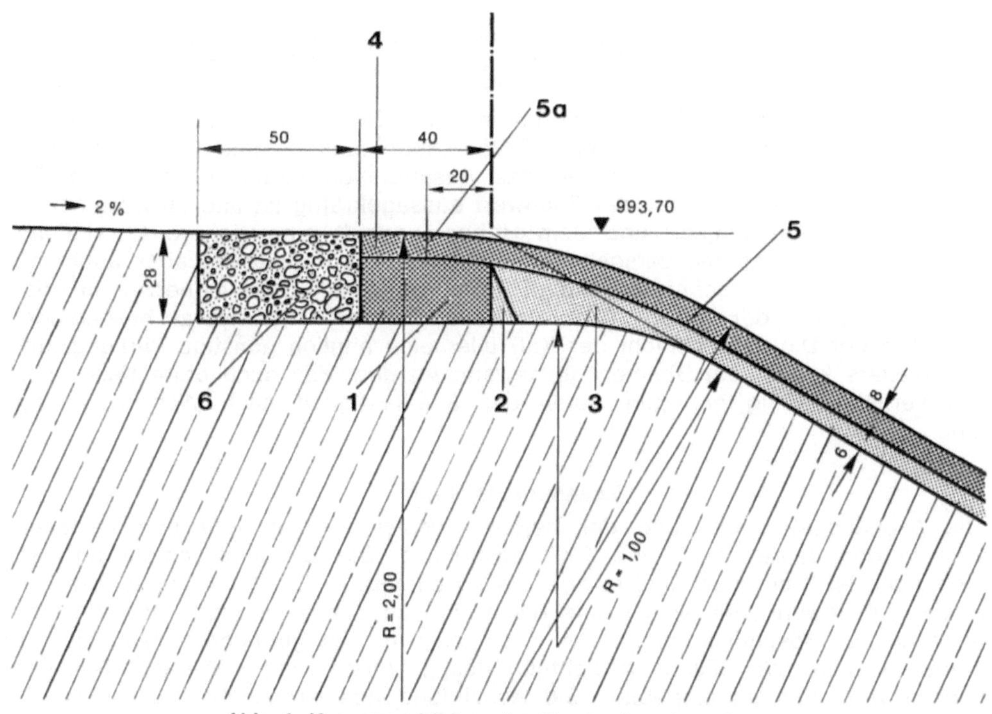

Abb. 4. Kronenausbildung im Staubecken Latschau

1 Leiste aus Dichtungsmischgut zum Fixieren der Kanten; vorlegen und verdichten
2 Nicht verdichteten Keil entfernen
3 Einbau der Filterschicht
4 Vorlegen eines Anschlußstücks aus Dichtungsmischgut
5 Einbau der Dichtung
5 a Anschlußfläche erwärmen
6 Dichtes, gemischtkörniges, steriles Material

wie sie im Fall des Staubeckens Latschau verwendet werden müssen, nicht immer gegeben. Da das Wasser meistens eine größere Affinität zum Zuschlagsstoff als das Bitumen aufweist, hat es die Tendenz, den Bitumenfilm vom Gestein zu lösen. Die allgemeine Auffassung im Asphaltwasserbau geht dahin, daß eine dichte und geschlossene Oberfläche erreicht werden muß, so daß das Wasser nicht in die Schicht eindringen kann. Unserer Auffassung nach muß aber auch dann die innere Beständigkeit des Asphaltbetons gewährleistet sein, wenn das Wasser, wie es an den vorbeschriebenen Fehlstellen auch tatsächlich der Fall ist, in das Innere der Oberflächendichtung örtlich eindringen kann. Im Rahmen der Vorversuche wurde daher die Eignung der Bitumensorten und die Frage der Beständigkeit des Asphaltbetons bei Wasserlagerung sehr eingehend geprüft und untersucht, wie weit diese durch verschiedene Haftmittel verbessert werden kann. Einen ersten Überblick haben hierbei die von der Schweizerischen Eldgenössischen Materialprüfanstalt entwickelten Untersuchungen ergeben. Es wird hierbei der Zuschlagsstoff mit erhitztem Bitumen überschüttet und der Anteil der bedeckten Gesteinsoberfläche vor und nach einer 1stündigen Wasserlagerung in destilliertem, auf 60⁰ C erwärmtem Wasser, geschätzt. Der Abfall betrug zum Teil von 90⁰/o Umhüllung auf 25⁰/o. Wesentlich ein-

deutiger als diese qualitative Prüfung waren die Ergebnisse von Spaltfestigkeits-
prüfungen, die an Marshall-Prüfkörpern nach Trocken- und Naßlagerung ausgeführt
wurden. Um die Benetzung bei der Wasserlagerung voll wirksam werden zu lassen,
wurde mit einem gleichbleibenden Kornaufbau ein Hohlraumgehalt von 7 bis 8%
angestrebt. Da Erfahrungen mit dieser Prüfmethode fehlten, hatten die Versuchs-
serien den Charakter und erreichten das Ausmaß von Grundsatzversuchen. Es
konnte festgestellt werden, daß der Fließwert aussagekräftig ist und im Zusammenhang mit der Spaltfestigkeit und dem Hohlraumgehalt eine sichere Beurteilung
erlaubt. Es haben sich mit verschiedenen chemischen Haftmitteln, aber auch mit
Kalkhydrat, günstige Ergebnisse gezeigt. Es wurde, ebenso wie seinerzeit in Rifa,
dafür entschieden, der Unterschicht als Haftverbesserer Kalkhydrat beizugeben,
während in der Dichtungsschicht der Kalkfüller eine ähnlich günstige Wirkung aufweist. Weiters konnte ein Bitumen ausgewählt werden, das auch ohne Kalkzusatz
einen verhältnismäßig geringen Abfall der Spaltfestigkeit nach Wasserlagerung
ergibt.

Zusammenfassung

Die Asphaltbetonauskleidung der beiden Ausgleichbecken Rifa und Partenen
wurde in den Jahren 1968 und 1969 ausgeführt. Die Dichtungsschicht an den
Böschungen ist 8 cm stark und in zwei Lagen eingebaut. Die Auskleidung hat sich
bis jetzt gut bewährt, einzelne kleine Risse sind an der Dammkrone und einzelne
Blasen an der Böschung aufgetreten. Dies aber in weit geringerem Maß als bei
anderen Becken. Die Böschungsdichtung des in Ausführung stehenden Beckens
Latschau wird einlagig eingebaut, die Ausbildung des Kronenabschlusses wurde
verbessert. Weiters wurden die Methoden für die Eignungsprüfung des Bitumens
im Rahmen der Vorversuche verbessert.

Literatur

[1] Verbandsempfehlungen für den Asphaltwasserbau. Verband der Elektrizitätswerke Österreichs, 1968.

[2] Uhlitsch G.: Vergleich von Asphaltbetondichtungen für Pumpspeicherbecken. Bitumen —
Teere — Asphalte und verwandte Stoffe (1969), ÖZE, H. 9.

[3] Innerhofer G.: Konstruktive Ausbildung des Ausgleichbeckens Rifa, ÖZE, Jg. 23, H. 7,
1970.

3.4 Diskussionsbeitrag zur Frage 42

o. Prof. Dipl.-Ing. Dr. techn. W. Schober, Universität Innsbruck

Für Dämme über 100 m Höhe bieten sich zur Zeit im wesentlichen die 3 in Abb. 1 dargestellten Dichtungselemente an. Es sind dies:

1. ein Erdkern in zentraler oder geneigter Lage,
2. eine Oberflächendichtung in Beton oder Asphaltbeton und schließlich
3. eine zentrale oder geneigte Kerndichtung aus Asphaltbeton.

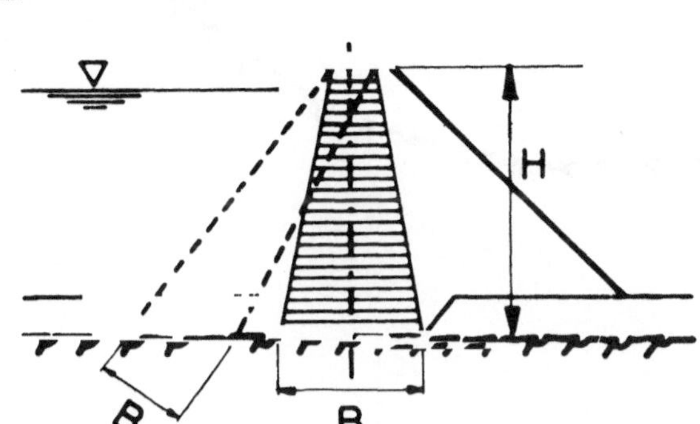

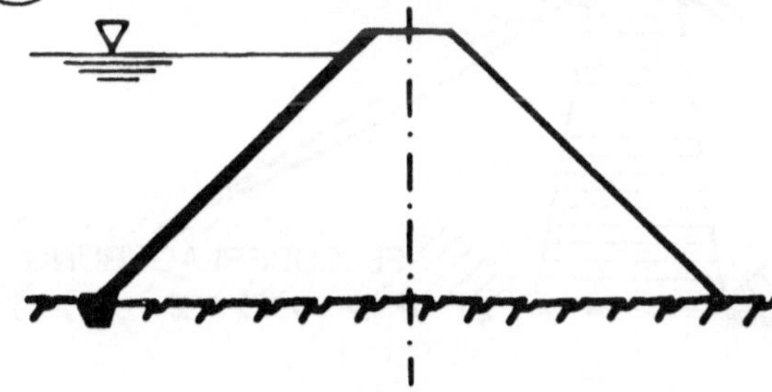

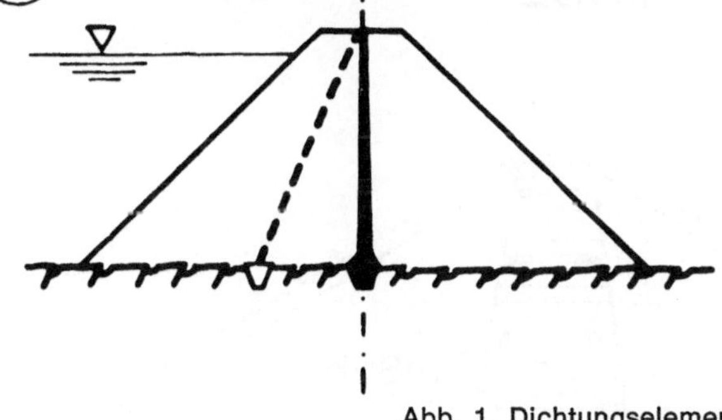

Abb. 1. Dichtungselemente

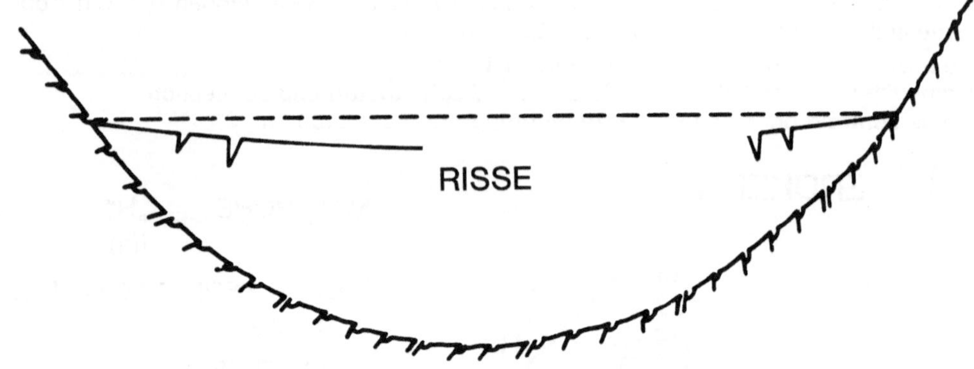

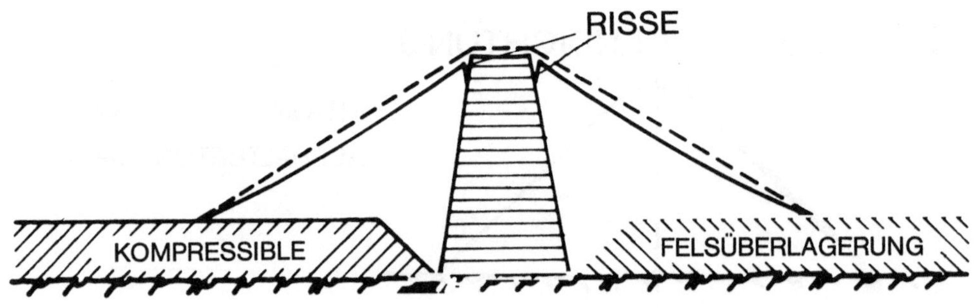

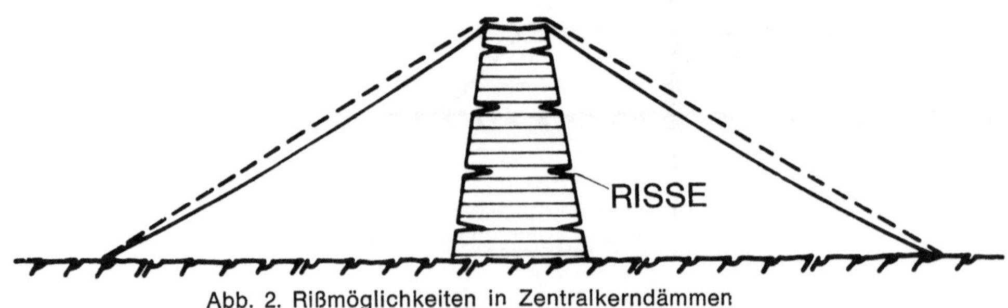

Abb. 2. Rißmöglichkeiten in Zentralkerndämmen

Die mit den einzelnen Elementen bisher erreichten bzw. angestrebten maximalen Dammhöhen sind in der Abbildung angeschrieben. Die Erdkerndichtungen nehmen dabei für einen dicken Kern mit 310 m und für einen dünnen mit 242 m eine besondere Stellung ein. Von den übrigen Elementen wurden nur mit Beton-Oberflächendichtungen bisher die 100-m-Grenze überschritten.

Bei der Wahl des Dichtungselements steht die Frage der Sicherheit an dominierender Stelle. Sie läßt sich nicht allein durch eine meist mit zahlreichen Einschränkungen behaftete Zahl, sondern wohl nur aus Überlegungen gewinnen, die das Verhalten der Dichtung im Bau- und Betriebszustand beschreiben. Wie der Generalberichterstatter bereits hervorhob, hat uns die Frage 32 des Kongresses in Montreal mit letzter Klarheit gezeigt, daß der Dammbau ein Spannungs- und Verformungsproblem ist und es vor allem darum geht, das Dichtungselement möglichst vor Rissen zu bewahren.

Wenn wir unsere 3 Dichtungselemente aus dieser Sicht beurteilen wollen, so müssen wir feststellen, daß zentrale Kerndichtungen 1 und 3 im wesentlichen durch die in Abb. 2 dargestellten Rißbildungen bedroht sind, und zwar durch:

A. die vertikalen Querrisse der Krone an den Flanken,
B. die vertikalen Längsrisse an der Krone,
C. die horizontalen Querrisse im Innern des Dammes

Unter diesen bereiten uns vor allem die letzten (C) Unbehagen, da sie nicht direkt an der Oberfläche beobachtet werden können. Während die beiden ersten aus einem grundsätzlichen und daher nicht vollkommen vermeidbaren Verformungsverhalten der Dammschüttungen entstehen, sind die horizontalen Querrisse bekanntlich auf einen Siloeffekt bei größeren Setzungen des Kerns gegenüber den angrenzenden Zonen zurückzuführen. Wie stark diese Gefahr besonders bei hohen Dämmen beachtet werden muß, zeigen die umfangreichen Untersuchungen für den Erdkern des 310 m hohen Nurekdammes in der UdSSR.

Mit dem Asphaltbetonkern bietet sich nun ein Dichtungselement an, von dem auf Grund seiner Materialeigenschaften und seiner membranartigen Gestalt ein Vermeiden von horizontalen Kernrissen erwartet werden darf. Wie Abb. 3 zu entnehmen

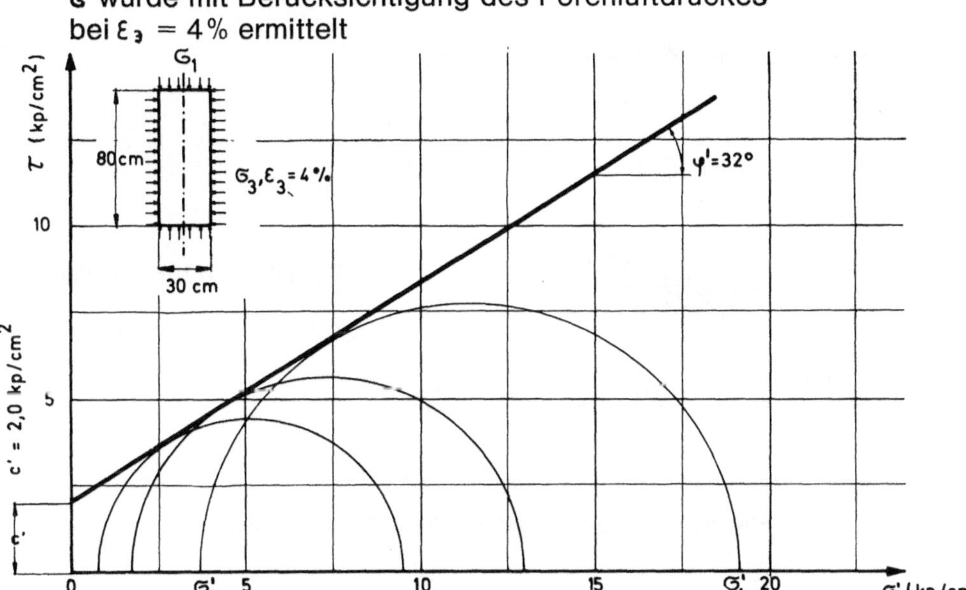

Abb. 3. Triaxialversuche mit dem Asphaltbeton für den Staudamm Finstertal

ist, wurden auf Grund triaxialer Druckversuche für den 92 m hohen Asphaltbetonkern des geplanten Finstertaldammes in Tirol eine Kohäsion von 2 kp/cm^2 und ein Reibungswinkel von 32^0 bei 4% Querdehnung ermittelt. Dabei blieb die Dichtungswirkung des Materials voll erhalten. Bei dieser Festigkeit und rissefreien Verformbarkeit ist ein Asphaltbetonkern ohne weiteres in der Lage, sich allen Verformungs-

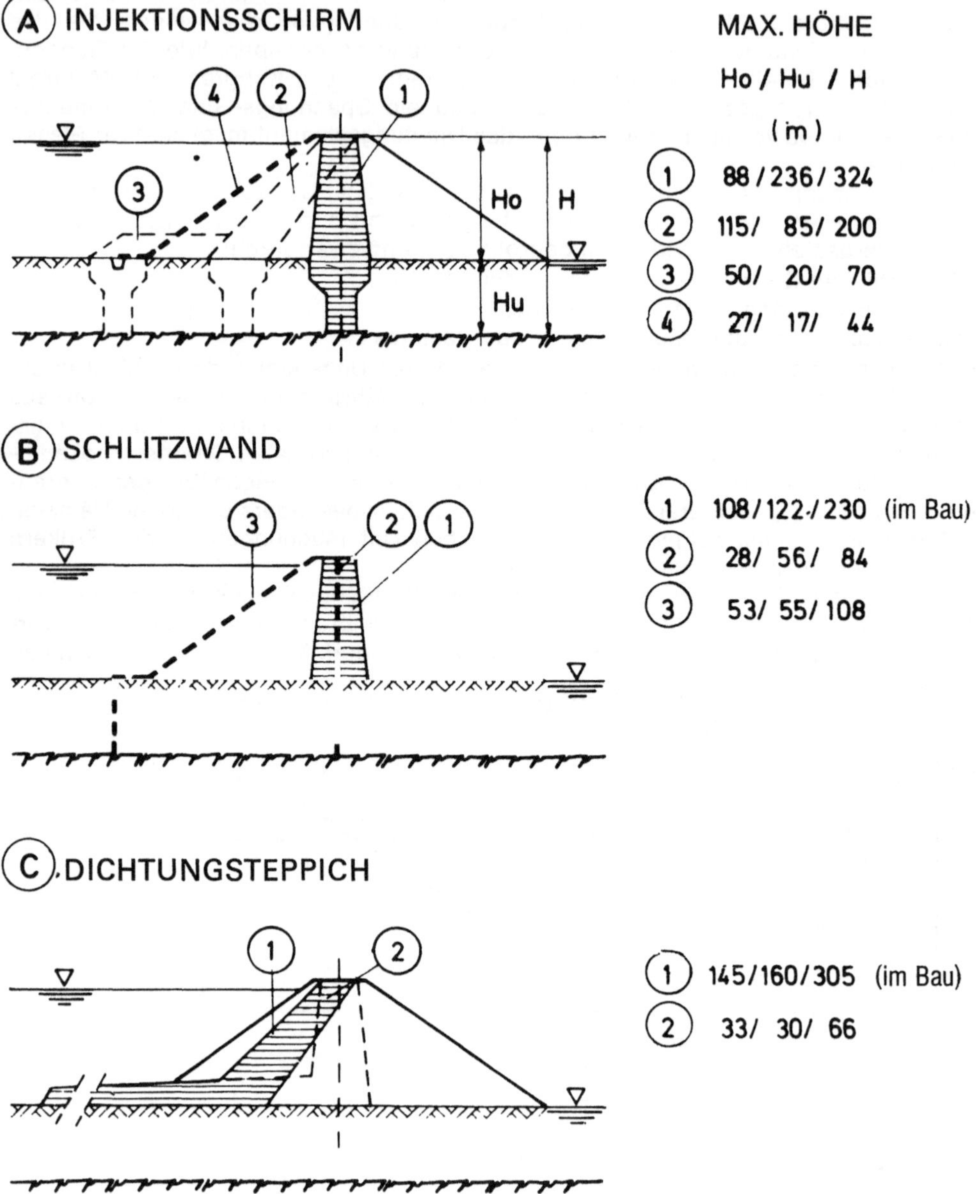

Abb. 4. Dichtungselemente für die Felsüberlagerung

und Spannungsverhältnissen weitgehend anzupassen. Es ist vor allem hervorzuheben, daß er keine eigenen das Dammverhalten beeinflussende Kraftwirkungen auslösen kann. Er wirkt lediglich als Dichtungsmembran und gibt den Wasserdruck an den luftseitigen Stützkörper weiter.

Eine ähnliche Funktion haben auch die Oberflächendichtungen, von denen jedoch nur die Verformungen nach Bauende aufzunehmen sind. Die Risse bei diesen Dichtungselementen entstehen vor allem durch Zug- und Scherdeformation in Nähe der Anschlüsse an den Untergrund.

Das Vordringen des Staudammbaus auf Sperrenstellen mit nachgiebiger und durchlässiger Felsüberlagerung hat eine neue Entwicklung eingeleitet. Es stellt sich stets die Frage nach einer optimalen Kombination vom Dichtungselement im Damm und in der Überlagerung. In Abb. 4 sind übliche Kombinationen und Lagen für die 3 wesentlichen Dichtungselemente für den Untergrund dargestellt, und zwar:

A. Injektionsschirm
B. Schlitzwand
C. Dichtungsteppich

Die bisher mit den einzelnen Kombinationen erreichten maximalen Dichtungshöhen Hu und zugehörigen Staudrücke Ho sind gemeinsam mit der Summe H daneben angeschrieben. Die Höchstleistungen unter Pkt. 1 sind bei allen 3 Elementen etwa gleichwertig. Während die Kombination bei A, Erdkern mit Injektionsschirm, und C, Erdkern mit Dichtungsteppich, infolge der gleichartigen Elemente harmonisch erscheinen, wird die Kombination B, Erdkern mit starrer Betonschlitzwand, von der Materialseite eher als unharmonisch empfunden, so daß umfangreiche Maßnahmen bei der Einbindung in den Kern, wie Anordnung plastischer Zonen und dgl., erforderlich werden. Im Fall des 28 m hohen Eberlaste-Dammes in

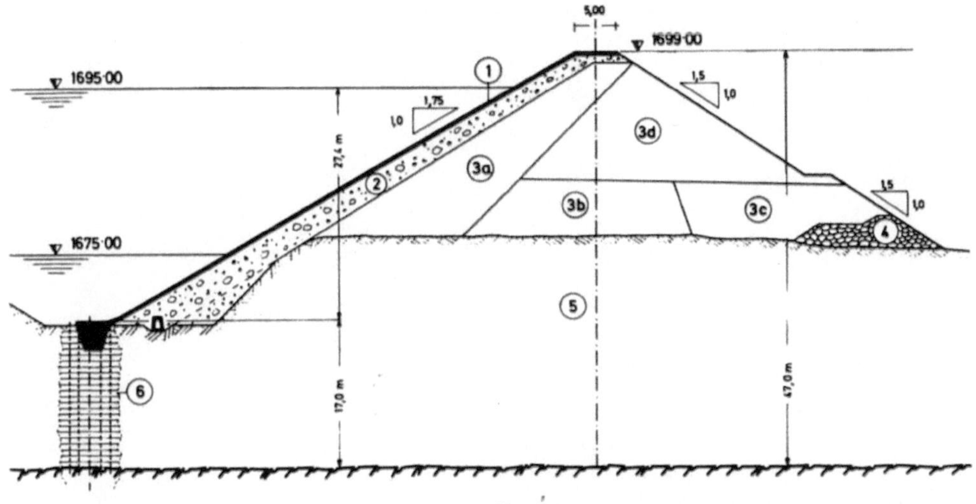

① ASPHALTBETONSCHICHT
② DRAINAGESCHICHT (Steinschüttung $\emptyset < 200$ mm)
③a–③d STÜTZKÖRPER (3a–3c: Hangschutt
    3d: Steinschüttung)
④ FUSSDRAINAGE (Steinbrocken)
⑤ FELSÜBERLAGERUNG (Talschotter)
⑥ INJEKTIONSSCHIRM

Abb. 5. Wurtendamm

Tirol wurde eine in dieser Hinsicht befriedigende Lösung durch Kombination einer 56 m tiefen Schlitzwand aus einem plastischen Bentonitbeton entsprechend B 2 mit einem ebenfalls plastischen Asphaltbetonkern gefunden. Diese ansprechende Konstruktion hat Relativsetzungen von über 2,00 m auf rund 40 m Länge an den Flanken schadlos überstanden.

In Abb. 5 ist der Querschnitt des Wurtendammes in Kärnten dargestellt, bei dem es infolge blockreicher Felsüberlagerungen nicht möglich war, die an sich naheliegende Kombination einer Asphaltbetonoberflächendichtung mit einer Schlitzwand auszuführen. Als ungewöhnliche Lösung wurde für die Abdichtung der Überlagerung ein Injektionsschirm gewählt, der sich im bisherigen Betrieb gut bewährt hat.

3.5 Diskussionsbeitrag zur Frage 42

Ing. K. Rienößl, Tauernkraftwerke AG, Salzburg

Im Beitrag Frage 42/Bericht 45 wurde versucht, eine Beziehung der Seitendruckverhältnisse σ_3/σ_1 zur Querdehnung ε_3 in Abhängigkeit von der Vertikalspannung σ_1 zu finden (siehe Abb. 9, 42/R. 45). Seit Abfassung des Berichts wurden weitere Triaxialversuche, vor allem mit größeren Querdehnungen ($\varepsilon_3 \leq 5^0/\!0$), durchgeführt, mit deren Ergebnissen sich die Kurvenschar aus der genannten Abb. 9 geringfügig korrigieren bzw. im Bereich größerer Querverformungen ergänzen läßt (siehe Abb. 1).

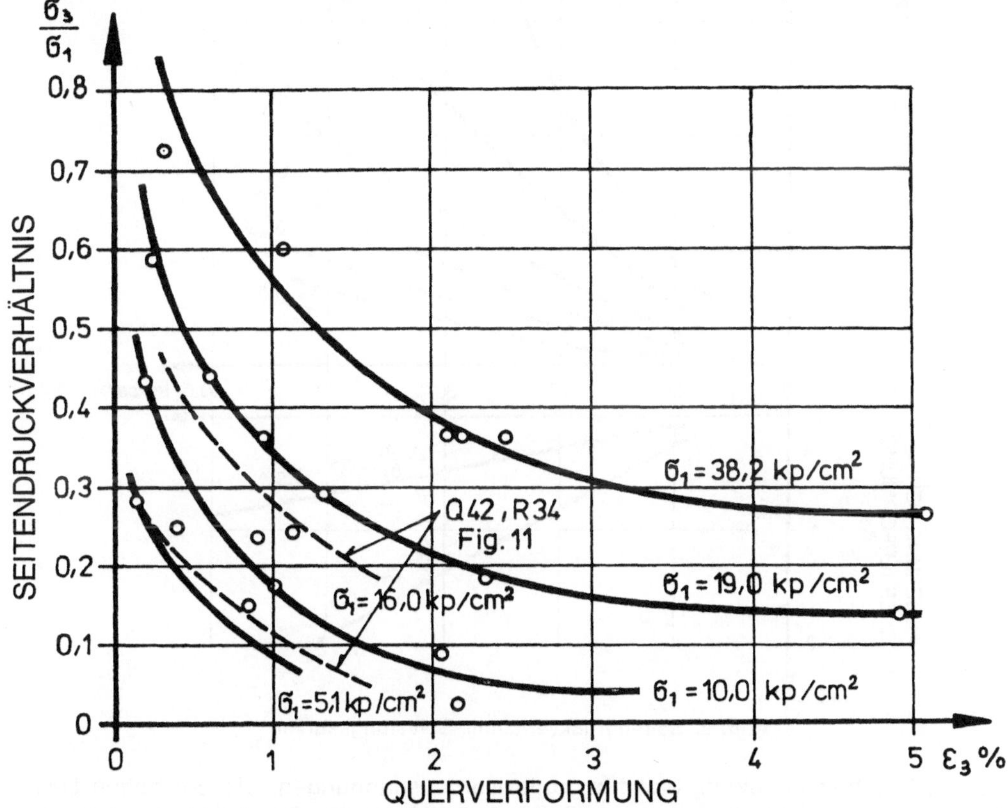

Abb. 1. Zusammenhang, Belastungen und Querdehnungen

Die im Beitrag 42/R. 34 von Schober in Abb. 11 dargestellten Beziehungen, die aus ähnlichen Triaxialversuchen erhalten wurden, fügen sich gut in das Diagramm ein.

Bei Auswertung der Versuchsergebnisse zeigt sich die sehr starke Abhängigkeit des Seitendruckverhältnisses σ_3/σ_1 von der Normalspannung (siehe Abb. 2 A).

Die Zunahme der Querdehnung ε_3 erfolgt — wie in Abb. 2 B dargestellt ist — nach einer von vornherein nicht zu erwartenden Gesetzmäßigkeit. Bei Abminderung des Verhältnisses σ_3/σ_1 nimmt die Änderung der Querdehnung $\Delta\varepsilon_3$ mit steigender Normalspannung σ_1 annähernd linear zu. In Abb. 2 A sind die Änderungen $\Delta\varepsilon_3$ für eine Abminderung von σ_3/σ_1 von 0,5 auf 0,3 und 0,7 auf 0,5 aufgetragen.

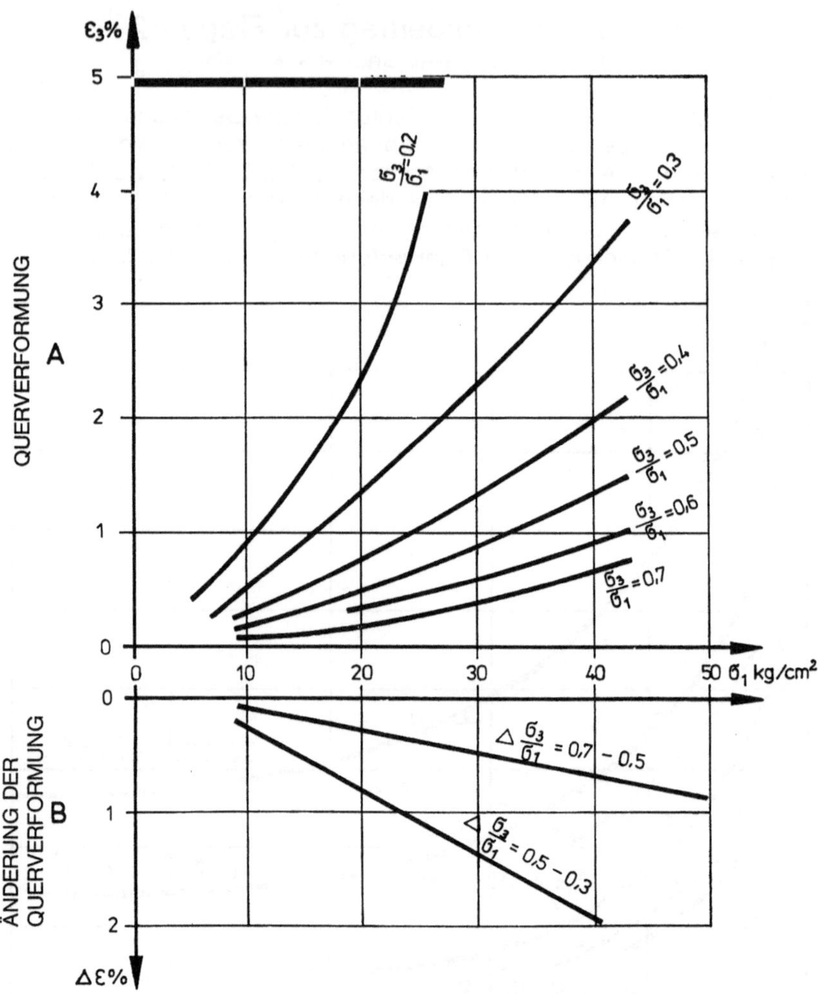

Abb. 2. Seitendruckverhältnis-Belastungskurven

Diese Ergebnisse zeigen, daß für große Normalspannungen, die bei hohen Dämmen zu erwarten sind, die Frage des Seitendrucks bzw. der Querdehnung eingehend zu prüfen ist.

Bei den Versuchen konnte außerdem bis $\varepsilon_3 = 5\%$ keine Volumszunahme und keine Auflockerung im Innern der Probe festgestellt werden.

Die Frage nach der zulässigen Querdehnung ist vielleicht am ehesten durch die Betrachtung der Materialausnutzung zu beantworten. In Abb. 3 sind die Winkel der inneren Reibung aufgetragen, die sich aus den Mohrschen Spannungsfiguren für verschiedene Querdehnungen ε_3 ergeben. Bei einer Querdehnung von $\varepsilon_3 = 0,5\%$ betrug der Winkel der inneren Reibung 20^0 und bei $\varepsilon_3 = 5\%$ etwa 30^0. Bei der Querdehnung von $\varepsilon_3 = 5\%$ wird zufolge der stärkeren Teilverschiebungen in der Probe annähernd der gesamte innere Scherwiderstand mobilisiert.

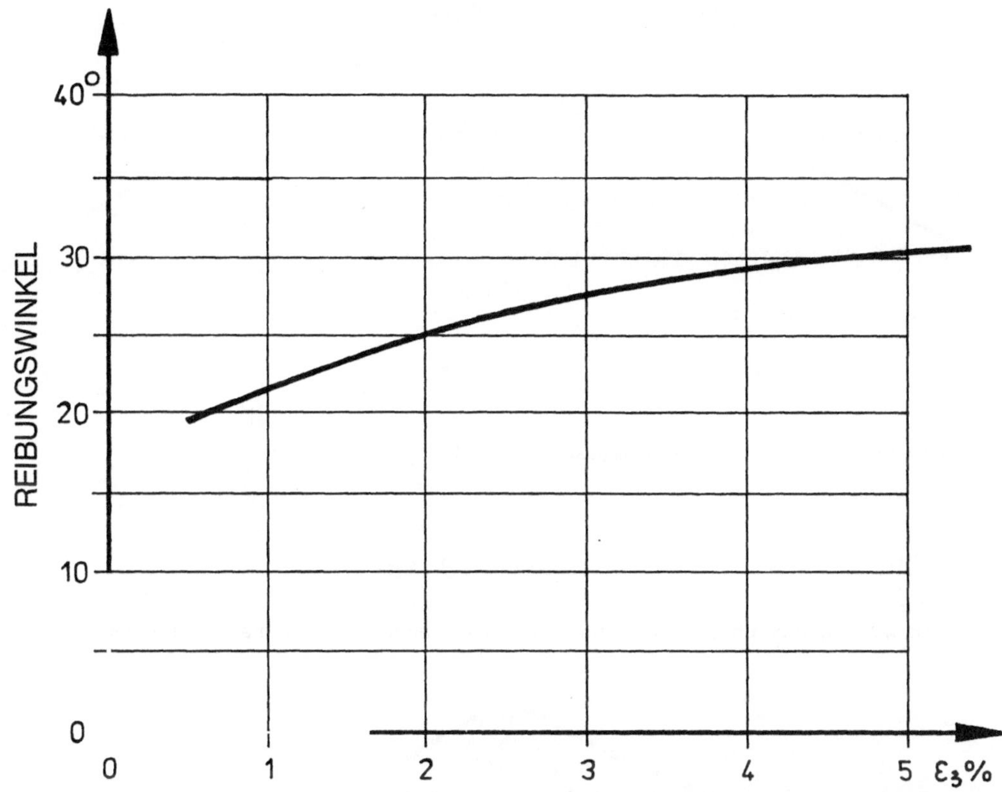

Abb. 3. Winkel der inneren Reibung in Abhängigkeit von der Querverformung ε₃

Für den Entwurf des Dammquerschnitts ergibt sich nach diesen Versuchsergebnissen die Forderung, daß im Bereich des Asphaltbetondichtungskerns Querdehnungen nur in ganz geringem Ausmaß, wie sie bei den Triaxialversuchen festgestellt wurden, eintreten dürfen. Nachstehend werden einige Beispiele für Variantenuntersuchungen von Regelquerschnitten mit Hilfe der Finite Element Method angeführt. Die Belastungen für das Eigengewicht wurden jeweils in 4 Abschnitten, entsprechend dem Dammschüttvorgang, gerechnet und überlagert. Die Deformationsmodulen (Tangentenmodulen) wurden variabel, und zwar zunehmend mit steigender Vertikalspannung, in die Rechnung eingeführt. Die Modulen für Zug wurden mit 1% des jeweiligen Werts für Druck angenommen und der Einfluß auf die Verformungen durch 3 Iterationsschritte ermittelt.

Für einen Damm, dessen Fundierung auf gewachsenem Fels erfolgt, sind in Abb. 4 A die horizontalen Querdehnungen bei Anordnung eines schmalen, besonders verdichteten inneren Teils der Stützkörper festgehalten. Der Maximalwert der Querdehnungen wurde mit 1,6% festgestellt. Es zeigte sich, daß eine schräge Kernlage oder eine zur Wasserseite verschobene vertikale Kernposition in den Bereich geringerer Querdehnung zu liegen kommt.

Bei einem breiten, im Innern besonders verdichteten Stützkörperbereich ergibt die Untersuchung einen maximalen Wert der horizontalen Querdehnung von 1,2%. Wie

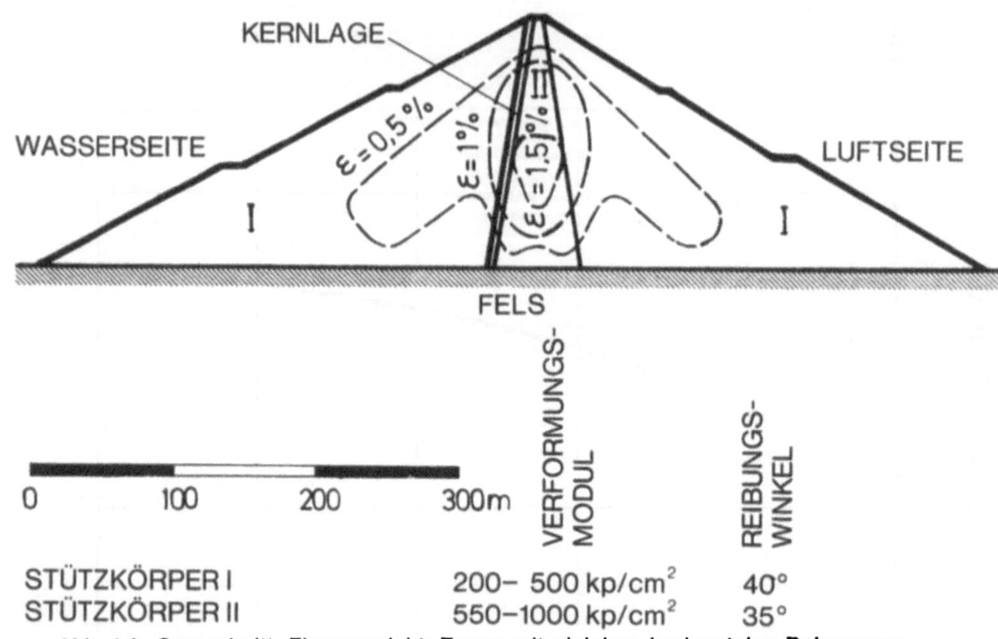

Abb. 4 A. Querschnitt, Eigengewicht, Zonen mit gleichen horizontalen Dehnungen

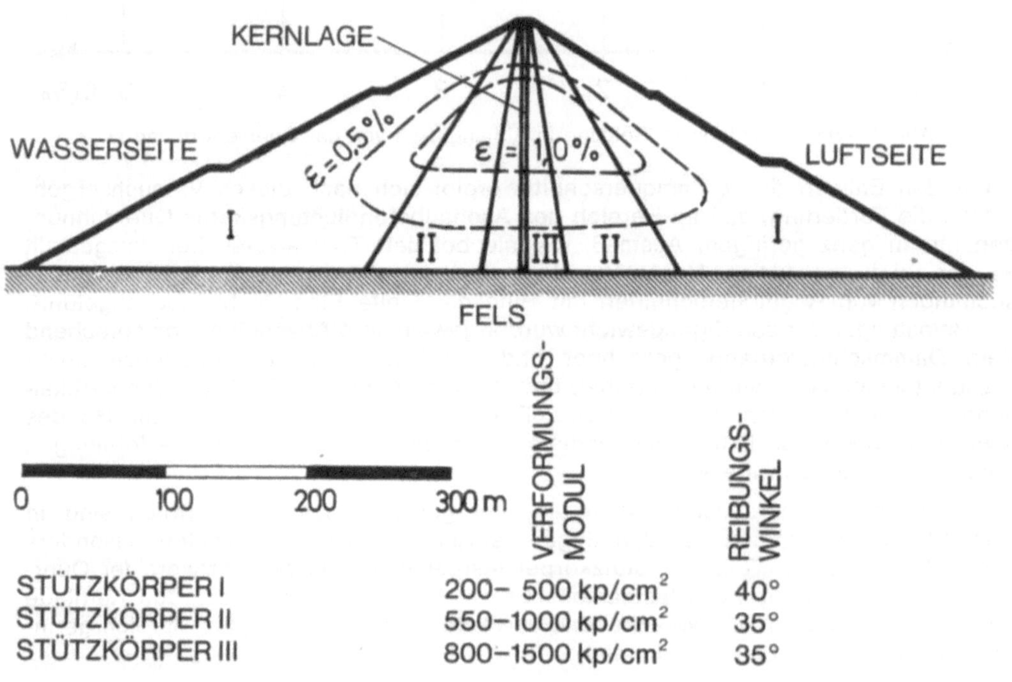

Abb. 5. Querschnitt, Eigengewicht, Zonen mit gleichen horizontalen Dehnungen

in Abb. 4 B zu ersehen ist, erfaßt die Kurve für alle Punkte mit gleichen Werten von
1% Querdehnung einen großen Bereich des stärker verdichteten inneren Stütz-
körperteils. Eine leichte Schräglage oder eine Verschiebung des Asphaltbetonkerns
zur Wasserseite würde bezüglich der Querdehnung keine Verbesserung bringen.

Wenn die Stützkörper des Dammes auf ungleich mächtigem Überlagerungsmaterial
gegründet sind bzw. für die Fundierung des Kerns eine Felsschwelle ins Auge gefaßt
wird, ergibt sich hinsichtlich der Querdehnungen ein von den vorerwähnten Verhältnissen stark unterschiedliches Bild, wie aus Abb. 5 zu ersehen ist. Die Bereiche mit
den größten Querdehnungen liegen nicht mehr in der Damm-Mitte, sondern sind etwa
in die Drittelpunkte der Stützkörper verschoben. Im untersuchten Fall ergab sich ein
Maximalwert von ca. 2,5%, und der lotrechte zentrale Dichtungskern würde bezüglich der Querdehnungen die günstigsten Verhältnisse vorfinden.

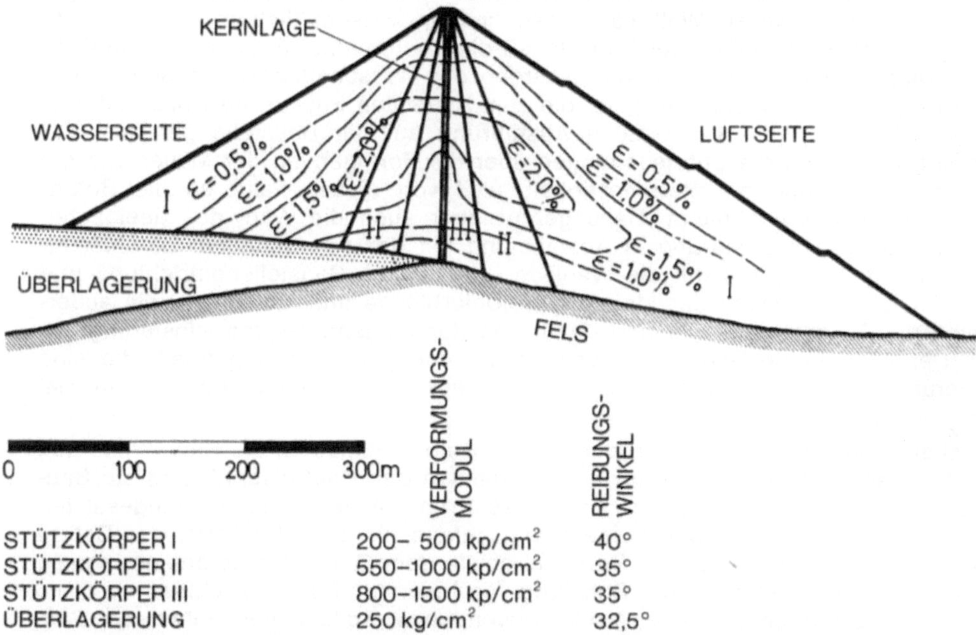

Abb. 5. Querschnitt, Eigengewicht, Zonen mit gleichen horizontalen Dehnungen

Abschließend soll noch festgehalten werden, daß es sich bei den genannten Beispielen nur um einige grundsätzliche Untersuchungen hinsichtlich der Verwendbar-
keit von Asphaltbeton als Dichtungselement von hohen Dämmen (100 bis 200 m)
handelt. Die Untersuchungen erheben keinen Anspruch auf Vollständigkeit, sondern
sind nur als kleiner Beitrag für die Überlegungen zur Verwendung neuer Damm-
baustoffe gedacht.

4. Frage 43: Neue Ideen für den rascheren und wirtschaftlicheren Bau von Betonsperren

4.1 Optimierung des Betoniervorganges bei Staumauern mit Kabelkränen

(Bericht R 12)

Prof. Dipl.-Ing. Dr. techn. W. Jurecka, Technische Hochschule Wien,
und Dipl.-Ing. Dr. techn. R. Widmann, Tauernkraftwerke AG, Salzburg

1. Einführung

Für die Errichtung von Betonstaumauern sind im allgemeinen große finanzielle Aufwendungen erforderlich. Es ist daher verständlich, daß die Projektanten derartiger Bauwerke auf der ganzen Welt versuchen, immer wirtschaftlichere Lösungen zu finden. Nun gibt es viele Faktoren, von denen die Kosten einer Staumauer beeinflußt werden. Diese Möglichkeiten zur Verbesserung der Wirtschaftlichkeit lassen sich in zwei große Gruppen einteilen, in jene, die zum optimalen Entwurf im Konstruktionsbüro, und in jene, die zur optimalen Ausführung auf der Baustelle gehören. Zur ersten Gruppe zählen die Untersuchungen über die Formgebung der Mauer und die Höhe der Ausnutzung der Betonfestigkeit, weil von diesen Faktoren die Betonkubatur der Talsperre abhängt. Dazu gehört aber auch die Wahl des geeigneten Zements und dessen Dosierung in Abstimmung mit der erforderlichen Betonfestigkeit. Zur zweiten Gruppe zählt die Wahl der günstigsten Baustelleneinrichtung und die günstigste Unterteilung der Mauer in Betonierblöcke und -schichten, die außerdem von der Betontechnologie und damit von der Zementtype und -dosierung abhängt. Der vorliegende Bericht befaßt sich nun mit jenen Überlegungen, die eine Optimierung des Betonierablaufs für einen gegebenen Staumauerentwurf zum Ziel haben.

Üblicherweise stellen bei der Errichtung von Betonstaumauern die Kabelkräne den Engpaß in der Produktionskette dar und bestimmen den Baufortschritt und die Bauzeit. Grund dafür ist die Tatsache, daß diese Kräne in der Kette der eingesetzten Maschinen, bestehend aus der Aufbereitungsanlage für Zuschlagstoffe, der Betonfabrik, den Kabelkränen und dem Personal sowie dem Gerät der Betoneinbringung, einschließlich der Herstellung der Schalung, die teuersten Einzelmaschinen sind, die darüber hinaus nur beschränkte Wiederverwendungsmöglichkeiten aufweisen. Zum Vergleich verschiedener Varianten der Kabelkranauslegung, ihrer Leistungsfähigkeit und ihrer Lage zusammen mit den anderen Einflußfaktoren auf den Baufortschritt wurde ein Verfahren entwickelt, um die Baustelleneinrichtung schon im Planungsstadium optimieren zu können. Nun gibt es eine große Anzahl Einflußfaktoren auf die Leistungsfähigkeit des Betonierprozesses, deren individueller Einfluß auf das Ergebnis kaum abgeschätzt werden kann. Es wurde daher ein Computerprogramm entwickelt, über dessen Aufbau und Erprobung hier berichtet wird.

Eine solche Methode der Optimierung der Baustelleneinrichtung müßte selbstverständlich eine Kosten-Nutzen-Analyse einschließen. Das aufgestellte Rechnerprogramm beschäftigt sich jedoch ausschließlich mit der Nutzenseite des Problems, während die Kosten aus anderen Quellen, z. B. durch eine Auswertung von Angeboten für die Durchführung der Arbeiten, abgeschätzt werden können. Der Nutzen wird durch die Bauzeit von Beginn bis zum Ende des Betoniervorganges dargestellt, weil angenommen werden darf, daß mit der Reduktion der Bauzeit auch die Baukosten reduziert werden. Darüber hinaus erlaubt eine frühere Fertigstellung des Bauwerks eine frühere Füllung des Staubeckens und damit eine frühere Energieerzeugung bzw. frühere Bereitstellung der Bewässerungsmöglichkeiten. Auf diese Weise werden die Bauzinsen reduziert und Einnahmen erzielt, die mit den aufgewendeten Kosten verglichen werden können.

2. Einflußfaktoren für die Bauzeit

Unter der Annahme, daß die Staumauer hinsichtlich ihrer Form, Größe und topographischen Lage endgültig entworfen ist, verbleiben nur noch wenige konstruktive Detailfragen übrig, die einen Einfluß auf den Bauvorgang haben und variabel sind. Dazu gehören:

a) die Unterteilung der Mauer durch vertikale Baufugen in einzelne Baublöcke größerer oder kleinerer Breite,

b) die Höhe der einzelnen Betonierschichten in den Blöcken,

c) der jeweils zulässige maximale und minimale Höhenabstand zweier benachbarter Blöcke während des Betoniervorganges und

d) die vorgeschriebenen Wartezeiten zwischen der Betonierung zweier übereinanderliegender Schichten eines Blocks.

Alle diese Variationsmöglichkeiten sind von den Forderungen der Betontechnologie im Hinblick auf die Vermeidung von Temperaturrissen stark eingeschränkt.

Hinsichtlich der Baustelleneinrichtung für die Betonierarbeiten verbleibt ein größerer Spielraum für Variationen. Hierher gehört:

e) die Wahl parallel fahrbarer oder radial fahrbarer Kabelkräne,

f) die Wahl der Lage der Kabelkräne relativ zur Staumauer,

g) die Wahl der topographischen Lage des Betonkais, wo die Kübel der Kabelkräne gefüllt werden,

h) die Wahl der Anzahl der einzusetzenden Kräne,

i) die Wahl der Tragfähigkeit der Kabelkräne,

k) die Wahl der Arbeitsgeschwindigkeit der Kräne (Katz fahren, heben und senken),

l) der mögliche Mindestabstand zweier benachbarter Kabelkräne.

Schließlich hat noch eine Reihe von Betriebsbedingungen der Baustelle einen Einfluß auf die Bauzeit; dazu gehören:

m) der Zeitpunkt, zu dem die Felsaufstandsfläche für die erste Betonierung vorbereitet ist,

n) die Anzahl der Arbeitsstunden der Kabelkräne während eines 24-Stunden-Tages, in denen sie ausschließlich für den Betontransport zur Verfügung stehen,

o) die Folge von Arbeitstagen und arbeitsfreien Tagen sowie die Folge von Betonier- und Stillstandsperioden (in Abhängigkeit von den Jahreszeiten) mit eventuell vorgegebenen Begrenzungen der Mauerhöhe am Periodenende.

3. Grundlegende Annahmen für das Rechnerprogramm

Das Rechnerprogramm beruht auf folgenden Annahmen:

a) Die Betonfabrik ist ausreichend leistungsfähig, um die Kabelkräne zu jedem Zeitpunkt mit ausreichenden Betonmengen zu versorgen, so daß die Kräne nicht auf

Betonzulieferungen warten müssen und aus diesem Grund keine Wartezeiten entstehen,

b) daß die Kabelkräne in der Lage sind, das Katzfahren und das Heben und Senken des Kübels gleichzeitig auszuführen,

c) daß genügend statistische Daten verfügbar sind, um brauchbare Mittelwerte der Verzögerungen anzugeben, die sich aus dem Einfahren der Kabelkrankübel an Be- und Entladestellen, dem Be- und Entladen selbst und aus den Anfahr- und Bremsvorgängen der Kabelkräne resultieren.

Entsprechend den Methoden der Unternehmungsforschung müßte der gesamte Prozeß, beginnend mit der Betonherstellung, der Beladung von Transportfahrzeugen, dem Transport unter die Kabelkräne, die Füllung der Kabelkrankübel aus den Transportfahrzeugen, das Kabelkranspiel und die Kübelentleerung an der Einbringstelle besser als ein komplexes Warteschlangenproblem aufgefaßt werden. Bisher wurden weder theoretische Studien noch praktische Lösungsversuche zur Behandlung eines solchen Problems durchgeführt, um auf diese Weise Verzögerungen, wie sie unter Ziffer a) beschrieben sind, zu ermitteln. Die Autoren haben ebenfalls auf einen solchen Lösungsversuch als Warteschlangenproblem verzichtet, da genügend Daten verfügbar waren, um Mittelwerte für mehrere hunderttausend Kabelkranspiele zu verwenden. Das Rechnerprogramm ist daher als deterministisches Simulationsprogramm entwickelt worden, d. h., es berechnet, unter Einhaltung aller gegebenen Beschränkungen, die gesamte Bauzeit und erlaubt es dem Benutzer, für jeden Zeitpunkt den erreichten Bauzustand auszusondern. Verschiedene Programmläufe unter Veränderung einzelner oder aller Eingabedaten können dann untereinander verglichen werden. Auf einem Rechner Siemens 4004/35 wird für einen Programmablauf bei einer Staumauer mit 52 Schichten in 40 Blöcken (Bogenstaumauer mit 131 m Höhe und 725 m Kronenlänge) eine Zentralrechenzeit von 20 Minuten benötigt.

4. Der Aufbau des Programms

Der Aufbau des Programms läßt sich am besten an Hand der erforderlichen Eingabedaten, die sich in die geometrischen Daten der Staumauer, der Kabelkräne und deren Leistungsdaten gliedern, sowie den Baubarkeitsregeln schildern.

4.1 Geometrische Daten

Jede einzelne Betonierschicht (i, j) der Staumauer wird durch die Blocknummer i und die Schichtnummer j identifiziert und durch zwei Koordinatenpaare $Xw (i, j)$ und $Yw (i, j)$ bzw. $XL (i, j)$ und $YL (i, j)$ beschrieben. Es sind dies die Koordinaten an der Schichtunterseite in Blockmitte an der Wasser- und Luftseite der Staumauer. Die Angabe erfolgt in einem beliebigen kartesischen Koordinatensystem. Mit der Blockbreite $B (i, j)$ und der Schichthöhe H (die für die ganze Mauer konstant ist) können Volumen und Schalfläche jeder Betonierschicht mit genügender Genauigkeit ermittelt werden.

Ferner ist die Lage der Kabelkräne gemäß Abb. 1 durch drei Koordinaten (X_1, Y_1), (X_2, Y_2) und (X_3, Y_3) sowie die Lage des Betonierkais durch zwei Koordinatenpaare (X_4, Y_4), (X_5, Y_5) anzugeben. Nun läßt sich mit den Katzfahr- und Lasthubwegen zu jedem Betonierabschnitt i, j, mit den Arbeitsgeschwindigkeiten der Kräne unter Angabe der Verlustzeiten gemäß Ziffer 3. c) die Betonierzeit $TB (i, j)$ errechnen. Im Programm wird dabei näherungsweise der Seildurchhang unter Vollast berücksichtigt. Weiters wird die Katzfahrzeit und die Hub- bzw. Senkzeit verglichen und der

144

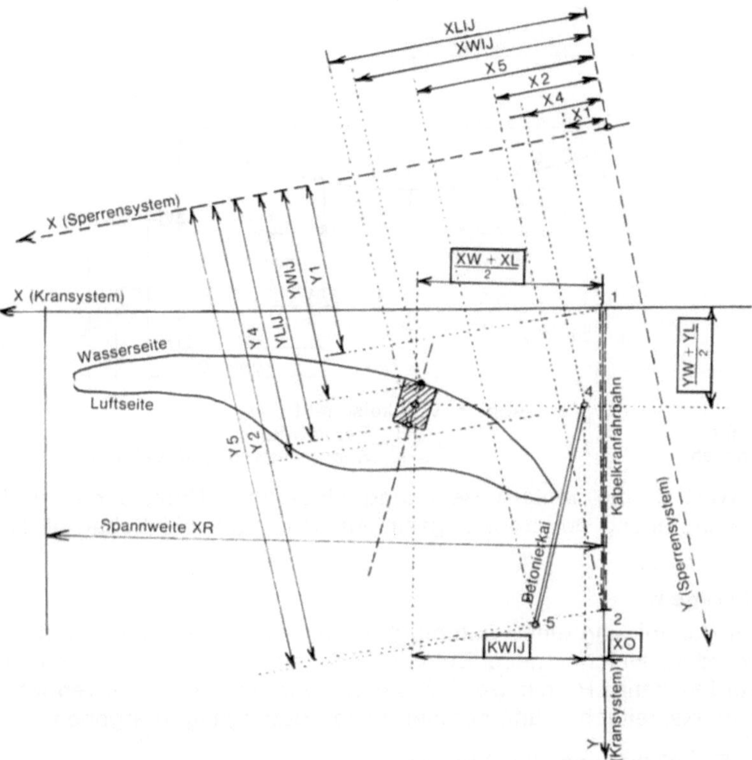

Abb. 1: Koordinatenangaben für parallelfahrende Kabelkräne

Werte in Kästchen im Kransystem, alle übrigen im Sperrensystem

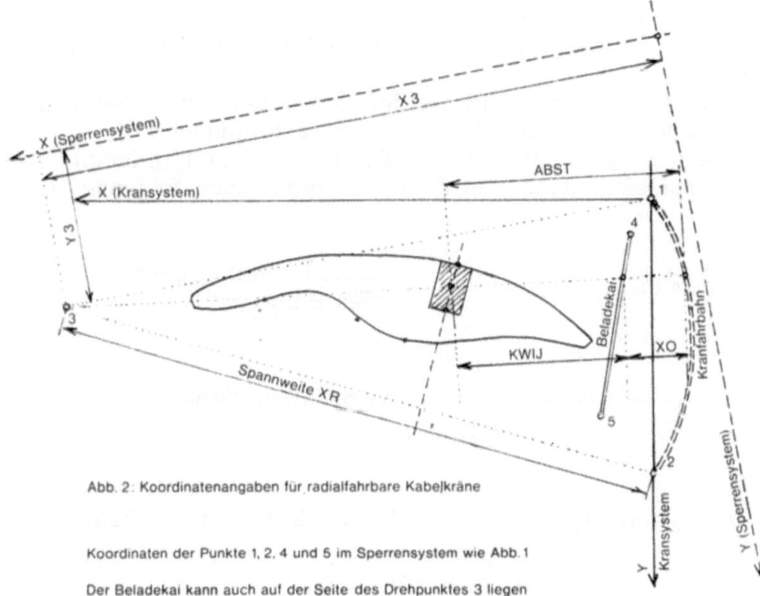

Abb. 2: Koordinatenangaben für radialfahrbare Kabelkräne

Koordinaten der Punkte 1, 2, 4 und 5 im Sperrensystem wie Abb. 1

Der Beladekai kann auch auf der Seite des Drehpunktes 3 liegen

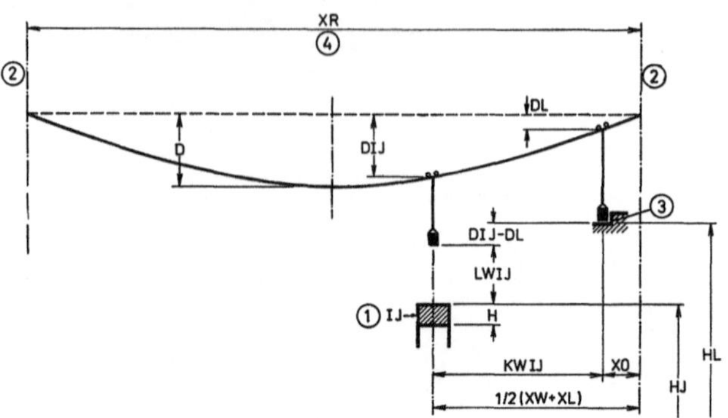

Abb. 3. Vertikalschnitt

1 Betonierschicht   3 Betonierkai
2 Kabelkranfahrbahn   4 Spannweite des Kabelkrans

ungünstigere Wert in die weitere Rechnung eingeführt. Unter Eingabe des Zeitbedarfs für die Erstellung der Schalungseinheit wird auch die Schalzeit TS (i, j) ermittelt.

4.2 Baubarkeitsregeln

Jeweils nach Beendigung eines Betonierabschnitts i, j durch einen Kabelkran muß entschieden werden, welcher neue Betonierabschnitt durch diesen Kran in Angriff genommen werden kann. Hierzu werden die Baubarkeitsregeln verwendet, die sich im wesentlichen aus zeitlichen und geometrischen Bedingungen ergeben.

4.2.1 Zeitliche Einschränkung der Baubarkeit

Zum Zeitpunkt T sind nur jene Abschnitte baubar, für die die Felsaufstandsfläche
— freigegeben und die Schalung errichtet ist,
— die vorgeschriebene Wartezeit Tw (i, j) nach Beendigung des darunterliegenden Abschnitts E (i, j−1) verstrichen ist,
— die Abbindezeit TA und die notwendige Schalzeit des Abschnitts (i, j) mit TS (i, j) verstrichen ist,
— die Betonierung noch durchgeführt werden kann, ohne daß das Ende TK der K-ten Arbeitsperiode um mehr als U Stunden überschritten wird.

Mit der Freigabe der Felsaufstandsfläche des Blocks i in T (j, i min) Tagen nach Baubeginn und T auf einer absoluten Zeitachse ergibt sich folgende Baubarkeitsregel:

$$T \geq 24 \times T_{j, i_{min\ i}} + T_{S\ (i,\ j)} \qquad \text{für die unterste Schicht jedes Blocks,}$$

$$T \geq E_{i,\ j-1} + \max \begin{Bmatrix} T_{w\ (i,\ j-1)} \\ \\ T_A + T_{S\ (i,\ j)} \end{Bmatrix} \text{für beliebige Schichten}$$

bzw.

$$T \leq T_K + U - T_{B\ (i,\ j)} \qquad \text{für das Ende einer Dekade.}$$

146

Am Ende einer Arbeitsperiode ist zu beachten, daß TA und Tw (i, j) über die arbeitsfreie Zeit durchlaufen, während TS (i, j) in der arbeitsfreien Zeit unterbrochen wird, d. h., daß TS (i, j) um die arbeitsfreie Zeit verlängert werden muß. Schließlich darf die Einsatzzeit der Kabelkräne für die Betonierung eine anzugebende tägliche Arbeitszeit nicht überschreiten, weil auch andere Transporte (Schalungen, Rüttler, Schubraupen) durchzuführen sind.

4.2.2 Örtliche Einschränkung der Baubarkeit

Ein Betonierabschnitt i, j ist nicht baubar, wenn

$$i_{+1} - 1 \begin{cases} \leq 2 \\ > N_{max} \end{cases}$$

wobei als minimaler Abstand der obersten Betonierabschnitte zweier benachbarter Blöcke 2 Schichten und als maximaler Abstand Nmax-Schichten zugelassen werden. An der Sohle und der Mauerkrone wird die erste der beiden Regeln nicht berücksichtigt.

Weiters muß bei Verwendung mehrerer Kabelkräne ihre gegenseitige Behinderung berücksichtigt werden. Arbeitet ein Kabelkran zum Zeitpunkt T an einem Betonierabschnitt B mit den Koordinaten Y (W, B) und Y (L, B) (im Koordinatensystem der Kräne), so ist jeder andere Bauabschnitt BN, der auch nur teilweise innerhalb des Bereichs Y (W, B—A) und Y (L, B+A) liegt, durch einen anderen Kran nicht erreichbar und daher nicht baubar. Für radial fahrende Kräne wird in ähnlicher Weise ein Sperrsektor definiert.

4.2.3 Heuristische Entscheidungsregeln

Bleiben nach Ausscheidung der nach den Ziffern 4.2.1 und 4.2.2 nicht baubaren Abschnitte noch mehrere mögliche Bauabschnitte übrig, so muß durch Angabe weiterer Entscheidungsregeln eine Auswahl über den nächstfolgenden Abschnitt getroffen werden. Das Rechenprogramm gestattet es, entweder den tiefsten Betonierabschnitt oder den mit der größten Betonierarbeit auszuwählen.

4.3 Ergebnis

Als Ergebnis jeder Rechnung wird der Bauzustand am Ende jeder Dekade, die aufgewendete Betonier- und Schalzeit sowie die eingebrachte Betonkubatur ausgedruckt.

5. Beispiel

Am Beispiel der Bogengewichtsmauer Schlegeis, dem Hauptbauwerk der Zemmkraftwerke, soll nun die Anwendung dieses Verfahrens erläutert werden. Die 131 m hohe Bogengewichtsmauer mit 725 m Kronenlänge weist eine Betonkubatur von 980.000 m³ auf, die, abgesehen von einem Probebeton von 15.000 m³ im Jahre 1968, in drei Betonierjahren 1969 bis 1971 eingebracht wurde. Die Baustelleneinrichtung bestand im wesentlichen aus:

— 1 Aufbereitungsanlage mit 3 Siebstraßen mit Rheaxanlagen und einer maximalen Kapazität von 6000 m³/Tag,

— dem Johnson-Turm mit 4 Köhring-Freifallmischern für je 3 m³ Fertigbeton,

— 3 Silos für eine Zementbevorratung von insgesamt 5000 t,

— den beiden Kabelkränen mit je 20 t zulässiger Hakenlast, entsprechend 6 m³ Fertigbeton, mit parallelen Fahrbahnen bei 820 m Spannweite. Die Katzfahrgeschwindigkeit betrug 6 m/s, die Senkgeschwindigkeit mit vollem Kübel 2,15 m/s und die Hubgeschwindigkeit mit leerem Kübel 2,25 m/s; die Zeit für das Füllen und Entleeren der Betonkübel betrug zusammen 1,5 Minuten,

— 1 Turmdrehkran für die Betonierung von 4 Blöcken am linken Sperrenflügel mit einer Gesamtkubatur von 60.000 m³.

Die Blockbreite betrug im mittleren Sperrenteil 17 m, in den beiden Flankenbereichen 20 m; die Schichthöhe wurde mit 2,45 m gewählt. Die Wartezeit vom Betonierende der unteren Schicht bis zum Wiederbeginn der Betonierung der folgenden Schicht betrug 3,5 Tage; lediglich in jenen Schichten, die unmittelbar auf den Fels aufbetoniert wurden, betrug die Wartezeit 7 Tage. Der kleinste mögliche Abstand der Kabelkräne war aus konstruktiven Gründen mit 12 m gegeben. Die Betonierzeit auf der Baustelle war aus klimatischen Gründen auf die Monate Mai bis Anfang November beschränkt.

Mit diesen Daten wurde das Programm getestet. Es ergab sich eine ausgezeichnete Übereinstimmung der errechneten mit der tatsächlich erreichten Betonierleistung (Abb. 4).

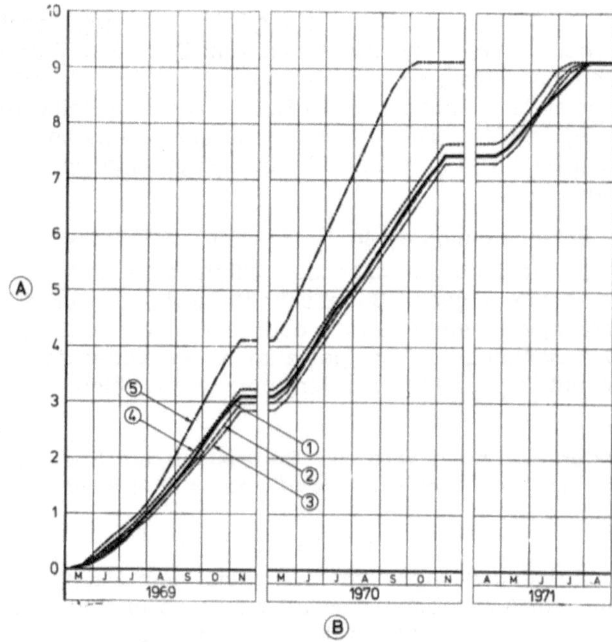

Abb. 4. Betonierleistung bei der Sperre Schlegeis

A Betonierleistung in 100.000 m³
B Bauzeit
1 tatsächliche Betonierleistung
2 errechnete Betonierleistung
   (unter gleichen Annahmen)
3 Wartezeit 4 Tage
4 Schichthöhe 3 m
5 Kübelinhalt 9 m³

Weiters wurden noch einige Vergleichsrechnungen durchgeführt, um den Einfluß von Änderungen in den Annahmen, sei es auf Seite der Baustelleneinrichtung oder der Betoniervorschriften, festzustellen. Überraschenderweise hat weder die Wartezeit noch die Blockbreite einen nennenswerten Einfluß auf die gesamte Betonierzeit. Bezüglich der Wartezeit wird dies aus der Tatsache verständlich, daß nur 13% der Schichten mit einer Wartezeit von unter 4 Tagen betoniert wurden. Bei der untersuchten Blockbreite von 15 m dürfte die größere Anzahl von zur Verfügung stehenden Betonierblöcken den Nachteil der geringeren, in einem Zug zu betonierenden Kubatur aufwiegen. Es bleibt jedoch bei dieser Variante ein Mehraufwand von etwa 28% für die Schalung der vertikalen Blockfugen. Ein Vergrößern der Schichthöhe auf 3 m bei gleichbleibender Wartezeit bringt ebenfalls nur geringe Vorteile, weil die Betonierleistung, insbesondere im zweiten Betonierjahr, ausschließlich durch die Kabelkrananlage bestimmt war. Auch wenn bei einer Schichthöhe von 3 m die Wartezeit auf 4 Tage erhöht wird, wie dies betontechnologischen Überlegungen entsprechen würde, ändert sich die Gesamtdauer der Betonierung nur geringfügig.

Werden statt zwei drei Kabelkrananlagen mit gleicher Kapazität des einzelnen Kabelkrans installiert, so ergibt sich ebenfalls keine nennenswerte Verkürzung der Betonierzeit, weil sich durch den aus konstruktiven Gründen gegebenen Mindestabstand der Kabelkräne große Sperrzonen ergeben, so daß nur selten alle drei Kabelkräne der Betonierung dienen können.

Einen wesentlichen Vorteil hätte lediglich eine Erhöhung der Tragkraft der Kabelkräne für einen Kübelinhalt von 9 m³ Fertigbeton gebracht. Dann hätte die Betonierung schon nach dem zweiten Betonierjahr abgeschlossen werden können. Dies hätte natürlich auch eine Vergrößerung der Aufbereitungsanlage und der Mischanlage erfordert. Zum Zeitpunkt des Baubeginns der Schlegeissperre standen jedoch derart leistungsfähige Kabelkrananlagen für so große Spannweiten nicht zur Verfügung.

Es ist selbstverständlich, daß die aus den hier angeführten Beispielen gezogenen Schlußfolgerungen nur für die Sperre Schlegeis Gültigkeit haben; bei anderen Talsperren können die örtlichen Verhältnisse durchaus andere Auswirkungen der verschiedenen Einflußfaktoren ergeben.

6. Zusammenfassung

Der Einfluß der zahlreichen Einflußfaktoren auf die Betoniergeschwindigkeit einer Staumauer konnte bisher nur annäherungsweise abgeschätzt werden. Das neu entwickelte Programm gibt die Möglichkeit einer genaueren Errechnung der erforderlichen Bauzeit. Damit ist eine Optimierung der verschiedenen Einflußfaktoren durch Vergleichsrechnungen ohne besonderen Zeitaufwand durchführbar. Dieses Verfahren wird daher einen wertvollen Beitrag zur Verbesserung der Wirtschaftlichkeit künftiger Staumauern mit Kabelkränen leisten können.

Schriftenreihe:

Die Talsperren Österreichs

Heft 1: Prof. Dr. A. W. R e i t z : Beobachtungseinrichtungen an den
Talsperren Salza, Hierzmann, Ranna und Wiederschwing (1954) S 40,—

Heft 2: Dipl.-Ing. Dr. techn. Helmut F l ö g e l : Der Einfluß des Krie-
chens und der Elastizitätsänderung des Betons auf den Span-
nungszustand von Gewölbesperren (1954) S 32,—

Heft 3: Prof. Dr. A. W. R e i t z , R. K r e m s e r u. E. P r o k o p : Beobachtungen an der Ranna-Talsperre 1950 bis 1952 mit bes.
Berücksichtigung der betrieblichen Erfordernisse (1954) S 59,—

Heft 4: Prof. Dr. Karl S t u n d l : Hydrochemische Untersuchungen an
Stauseen (1955) S 25,—

Heft 5: Prof. Dr. Josef S t i n i : Die baugeologischen Verhältnisse der
österreichischen Talsperren (1955) S 64,—

Heft 6: Dipl.-Ing. Dr. Hans P e t z n y : Meßeinrichtungen und Messungen an der Gewölbesperre Dobra (1957) vergriffen

Heft 7: Dozent Dipl.-Ing. Dr. techn. Erwin T r e m m e l : Limbergsperre, statistische Auswertung der Pendelmessungen (1958) S 38,—

Heft 8: Dr. techn. Dipl.-Ing. Roland K e t t n e r : Zur Formgebung und
Berechnung der Bogenlamellen von Gewölbemauern (1959) S 66,—

Heft 9: Dipl.-Ing. Hugo T s c h a d a : Sohlwasserdruckmessungen an
der Silvrettasperre (1959) S 38,—

Heft 10: Dipl.-Ing. Wilhelm S t e i n b ö c k : Die Staumauer am Großen
Mühldorfersee (1959) S 59,—

Heft 11: Dipl.-Ing. Dr. techn. Ernst F i s c h e r : Beobachtungen an der
Hierzmannsperre (1960) S 38,—

Heft 12: Prof. Dr. Hermann G r e n g g : Statistik 1961 (1962) S 293,—
Ausgabe in englischer Sprache (1962) vergriffen

Heft 13: Dipl.-Ing. Alfred O r e l : Gesteuerte Dichtungsarbeiten beim
Erddamm des Freibachkraftwerkes Kärnten (1964) S 45,—

Heft 14: Neuere Beobachtungen (1964) S 59,—

Heft 15: Sammel-Ergebnisse des 8. Talsperren-Kongresses in Edinburgh
1964 (1966) S 119,—

Heft 16: Dipl.-Ing. Otto G a n s e r : Die Meßeinrichtungen der Staumauer Kops 1968 (1968) S 66,—

Heft 17: 9. Talsperren-Kongreß in Istanbul 1967 (1969) S 145,—

Heft 18: Österreichische Beiträge zum Talsperrenkongreß Montreal
(1970) S 170,—

Heft 19: Prof. Dr. Hermann G r e n g g : Statistik 1971 der Talsperren,
Kunstspeicher und Flußstauwerke (1971) S 293,—

Heft 20: Dipl.-Ing. Dr. techn. Josef K o r b e r : Die Entlastungsanlagen
der österreichischen Talsperren S 280,—